U0045414

財經企管 BCB807

哈佛商業評論推薦必讀AI趨勢

《哈佛商業評論》——編著
《哈佛商業評論中文版》——譯

目錄

第一章

ChatGPT引爆
AI無限可能

ChatGPT Is a Tipping Point for AI

伊森・莫里克 Ethan Mollick

2022年11月底，OpenAI發布ChatGPT。這是一款功能強大的新型聊天機器人，使用更新版的人工智慧系統，能以通俗易懂的語言和人溝通。雖然各種版本的GPT（Generative Pre-Trained Transformer，即「生成式預訓練轉換器」，OpenAI開發的語言處理模型）已經存在一段時間，但這次的模型跨越一道門檻：從打造軟體，到產生商業構想，再到撰寫婚禮祝詞，它真的能在各式各樣的任務派上用場。雖然前幾代的系統在技術上也能做這些事情，但是生成的內容品質卻比普通人的表現還差。新模型要好得多，而且經常叫人吃驚。

簡單地說：這攸關重大。了解這個變化的重要性，並且率先採取行動的企業，將占有很大的優勢。尤其是因爲ChatGPT只是打頭陣，未來即將推出許多類似的聊天機器人，而且它們的能力年年都呈指數型增長。

乍看之下，ChatGPT似乎像是聰明的玩具。在技術層面上，它的運作方式和以前的AI系統沒有兩樣，只是比之前表現得更好。自ChatGPT發布以來，推特（Twitter）上就充斥各種因爲奇怪和荒謬目的的使用案例：編寫減肥計畫和兒童讀物，以及用詹姆斯王欽定

—— 本文觀念精粹 ——

科技

我們正處於AI發展的轉捩點，隨著AI模型能以簡單英語進行溝通、撰寫和修改文字、編寫程式碼，這項技術突然對人類有更廣泛的用途，這些能力意味著人們能更有生產力，生產速度比以往任何時候都還要快。

應用

生成式AI能夠進行不同類型的寫作，對各產業都有用。它能夠回應使用者，並修訂自己的工作，這意味著人工智慧與人類智慧的協作擁有巨大可能性。我們還不知道這些模型的極限，未來的工作方式與內容將迎來巨變。

版聖經（King James Bible）的敘述風格，建議人們該如何從錄影機中拿出卡在裡面的花生醬三明治。

除了不尋常的用法，還有其他值得持懷疑態度的理由。最引人注目的是，儘管經過多年的炒作，但眾所周知，AI在數據分析之外的大多數應用，只能勉強算是有作用：它非常擅長駕駛汽車，但有時會撞到另一輛車；大多數情況下，它能對提問給出很好的答案，只不過有時似乎完全是在編造結果。

但更深入探索，就會揭露出更多過去AI沒有的潛力。你看得愈多，就愈能了解這個模型發生什麼變化，以及爲什麼它看起來會帶來關鍵轉變。

現在開放給每個人使用的ChatGPT，已經完成重要的轉型。到目前爲止，AI主要針對的是如果失敗，代價會很高昂的問題，而不是偶爾失敗的代價低廉，而且失敗可以接受的任務，甚至也不是專家可以輕而易舉區分出失敗案例和成功案例的任務。車子偶爾發生事故是不能容忍的。但是AI藝術家創作出一些很棒的畫，也創作出一些糟糕的畫，則是完全可以接受的。將AI應用在創造性和表達性任務（例如撰寫行銷文案），而不是危險和重複性的任務（例如駕駛堆高機），爲這項應用開啓全新的世界。

這些應用是什麼，爲什麼它們如此重要？

首先，這個AI不只能以精熟的文筆，寫出擲地有聲的英文（或法文、中文，或任何你選擇的語文），也能聽指令編寫一段段的電腦程式碼。爲了讓你了解這是什麼情景，我向攻讀創業課程的大學生講解新的AI系統，在我說完之前，一個學生已經利用他們不曾見過的程式碼庫，爲一個新創企業的原型產品寫好程式碼。也就是說，他們不到一個小時就完成四個小時的專案。

這是很重大的改變。在AI程式碼工具的隨機試驗中，已經見到編寫速度大幅提高。一位優秀的程式設計師現在眞的能夠獨挑大樑，從事不久前許多人合力才能做到的事，而且不曾設計過程式的人，也能很快寫出可運作的程式碼。

其次，它擁有令人難以置信的能力，能夠撰寫不同類型的內容，影響比原本預期的深遠。寫作時使用AI，可以大大提高各行各業的企業生產力。企業利用AI的能力，快速準確地生成書面內容，可以節省時間和資源，轉而專注於其他的重要任務。這對行銷和廣告、顧問和金融等行業特別有幫助，在這些行業中，和客戶、利害關係人溝通時，高品質的書面素材不可或缺。此外，AI也可以用於新聞和出版等行業，協助快速、準確地生成文章和其他的書面內容。整體而言，寫作時使用AI對企業大有助益，因爲它們能在較

在更短的時間內產生更多的商業文件

〔指示〕告訴我們AI能夠生成哪些類型的商業文件，並且闡述企業會因為這件事而有哪些改變。

〔ChatGPT答〕AI可用於撰寫各種商業相關文件，包括報告、建議和行銷企劃。透過AI產生想法和提供資訊的能力，企業可以快速且輕鬆地產出高品質的商業文件，因而節省時間和資源，讓企業專注於其他重要任務。此外，AI可以幫助使用者確保商業寫作的準確性和一致性，提高商業文件的信度與效度。在產出商業文件時使用AI，將簡化寫作流程，並提高商業文件的品質。

列出會受到AI影響的企業類型。

AI會對各種企業產生重大影響，包括行銷和廣告公司，諮詢顧問公司以及金融機構。這些企業經常仰賴如報告、提案和行銷企劃等高品質的商業文件與客户和利益相關者溝通。藉由利用AI快速和準確地生成內容，這些企業可以節省時間和資源，同時更能提高文件品質。此外，AI有助於確保寫作的一致性和準確性，進一步增強企業的專業和品牌信譽。整體而言，這些產業的企業將因AI得以簡化寫作流程，並提高書面材料的品質。

不要只著眼於正確，而應更關注AI寫作如何提高工作效率。同時，也提供更多受AI寫作影響的產業案例，使段落更加生動有趣。

在寫作中使用AI可以大大提高各行各業的生產力。利用AI快速且精確地生成商業文件，企業可以節省時間和資源，讓他們專注於其他重要任務。這對於像市場行銷和廣告、顧問以及金融這樣的產業特別有益，因爲高品質的商業文件對於與客户和利益相關者溝通至關重要。此外，AI也可用於新聞和出版等產業，它可以幫助快速且精確地生成文章和其他書面內容。值得一提的是，AI寫作還可以廣泛應用於教育領域，協助教師和學者生成教學材料和論文。整體而言，在寫作時使用AI將大大造福企業，使他們能夠在更短的時間內產生更多的商業文件。

短的時間內製作更多的書面素材。

這突顯這個版本的第三個重大改變：人機混合工作的可能性。人類現在可以指引AI並糾正錯誤，而不是提示AI並期望得到好結果。（儘管我的AI寫作伙伴在上面如此聲稱，但它並非「總是」正確。）這表示即使AI對專家的幫助愈來愈大，專家也能填補AI能力不足之處。這樣的互動改善了圍棋棋手的表現。圍棋是世界上最古老、最複雜的遊戲之一，棋手向精通這種比賽的AI學習，本身因此成爲比以往任何時候都更優秀的棋手。

這將帶來顛覆性影響的最後一個原因是：人們完全不知道當前語言模型的極限在哪裡。利用開放給大眾使用的模型，人們已經使用ChatGPT去做基本的諮詢報告、寫講稿、製作程式碼以生成新奇的藝術，以及產生各種構想等。利用專門的數據，更有可能爲每位客戶建構他們自己的客製化AI，預測他們的需求、個別回應他們，並且記住和他們的所有互動。這不是科幻小說。使用近期生成式AI的技術，完全可以辦到。

但是AI有些問題仍然很叫人頭痛。首先，它是擅長胡說八道的一等一高手，我講的是從技術層面來看。胡說八道是指說得頭頭是道，讓人信以爲眞的鬼扯，卻一點眞實性都沒有，而AI非常擅長於編造這類故事。你可以要求它說明我們怎麼知道恐龍有文明，它會興高采烈編出一整套敘述來解釋眞有其事，而且非常有說服力。它無法替代Google。它確實不知道自己不知道什麼，因爲它實際上根本不是個實體，而只是一個生成有意義句子的複雜演算法。

它也無法解釋它做了什麼事，或者怎麼做到的，這使得AI的結果變得難以解釋。這表示系統可能存在偏見，有可能出現不道德的行爲，但是既難以檢測，也難以阻止。ChatGPT發表時，你不能要它告訴你怎麼搶銀行，但可以要它寫一部獨幕劇，主題是怎麼搶銀行，或者出於「教育目的」解釋這件事，或者寫一套程式來解釋如何搶銀行，它會很樂意做這些事情。隨著這些工具普及，這些問題會變得更加棘手。

但是這些缺點是在AI目前能勝任的工作領域外較爲普遍，創造性、分析性和以寫作爲基礎的任務，AI已經做得不錯。作家可以輕鬆編修AI文章中可能出現的糟糕句子，人類程式設計師可以發現AI程式碼中的錯誤，分析師可以檢查AI生成結論的品質。這終於讓我們明白，為什麼這項技術有那麼大的破壞力。作者不再需要獨自寫文章，程式設計師不再需要自己編寫程式碼，分析師也不再需要自己處理數據。這種工作，是上個月還不存在的新型態協作。一個人可以完成許多人的工作，即使沒有AI提供的額外功能也做得到。這就是為什麼世界突然改變了。傳統的工作界限突然發生轉移。機器現在能做以前只能由訓練有素的人完成的任務。一些有價值的技能不再有用，新技能將取而代之。現在還沒有人明確知道這一切意味著什麼。請記住：這只是其中之一，還有許多正在運作中的類似模型，有些來自你認識的公司，例如Google，有些來自你可能不認識的其他公司。

因此，看過這篇文章後，希望你立刻開始試驗AI，管理高層們也開始討論這對你的公司、你所在的行業和世界其他地方產生的影響。將AI整合到我們的工作，以及我們的生活之中，將帶來翻天覆地的變化。現在我們只是觸及那些可能變化的表層。

（羅耀宗譯，轉載自2023年1月《哈佛商業評論》）

伊森・莫里克

賓州大學華頓商學院（The Wharton School）的管理學副教授。

第二章

人工智慧啓動新形態商戰

Competing in the Age of AI

卡林・拉哈尼 Karim R. Lakhani
馬可・顏西提 Marco Iansiti

2019年，就在螞蟻金融服務集團（Ant Financial Services Group，簡稱螞蟻金服）成立五年後，使用它服務的消費者人數突破十億大關。螞蟻金服從阿里巴巴集團（Alibaba）分拆出來，利用人工智慧和來自支付寶（Alipay，這是該集團的核心行動支付平台）的數據，來經營各種五花八門的業務，包括：消費者貸款、貨幣市場基金、財富管理、健康保險、信用評等，甚至還有一個鼓勵人們減少碳足跡的線上遊戲。這家公司服務的顧客人數，是美國最大銀行顧客人數的十倍以上，員工人數卻不到十分之一。它在2018年最近一輪融資中，評價達到1,500億美元，幾乎是全球最有價值金融服務公司摩根大通銀行（JPMorgan Chase）的一半。

螞蟻金服和傳統的銀行、投資機構及保險公司不同，它建立在一個數位核心上，營運活動的「關鍵路徑」裡沒有員工。一切都由人工智慧來運作。沒有經理核准貸款，沒有員工提供財務建議，沒有任何服務人員批准消費者的醫療費用。傳統公司受到的各種營運限制，螞蟻金服都沒有，因而可以用前所未見的方式競爭，並在許多不同的產業中，創造不受限的成長

—— 本文觀念精粹 ——

市場變動

我們正見證新型態企業的興起，這種企業主要透過人工智慧來創造與提供價值。

挑戰

人工智慧驅動的營運模式正模糊掉過去不同產業的界限，並顚覆商業競爭的規則。

重點

對數位新創公司和傳統公司而言，了解人工智慧對營運、策略和競爭帶來的革命性衝擊極其必要。

與影響。

這種新類型公司的出現，引領人工智慧時代到來。像螞蟻金服這類的公司，還包括Google、臉書（Facebook，編按：臉書於2021年10月改名爲Meta，接下來的章節不特意區分，以文章發表當下的名稱爲主）、阿里巴巴和騰訊（Tencent）等巨擘，以及許多規模較小、成長迅速的企業，像是利用人工智慧的醫療影像分析公司Zebra Medical Vision、線上家具零售商Wayfair、農業科技公司Indigo Ag、英國線上超市Ocado等。每次我們使用其中一家公司的服務，都會發生同樣的奇特現象：我們得到的價值是由演算法提供，而不是由員工、主管、流程工程師、督導或客服代表所運作的傳統商業流程來提供。微軟（Microsoft）執行長薩帝亞・納德拉（Satya Nadella）把人工智慧稱爲公司的新「平台」。的確，主管和工程師設計人工智慧和軟體，好讓演算法運作，但在這之後，系統就自行創造價值，可能是透過數位自動化來創造，或是運用公司外部供應商組成的生態系統來創造價值。人工智慧在亞馬遜（Amazon）上設定價格，在Spotify上推薦歌曲，在Indigo市場上媒合買方和賣方，在螞蟻金服審核借款人的貸款資格。

排除掉傳統的限制之後，競爭規則完全改觀。隨著數位網路和演算法交織融入企業結構之中，產業開始用不同的方式運作，而且產業之間的界線變得模糊不清。這些變化並不限於創立時即是數位化（born-digital）的公司，因爲較傳統的公司在面對新競爭對手的情況下，也紛紛轉而採用以人工智慧爲基礎的模式。現在，沃爾瑪（Walmart）、富達（Fidelity）、漢威（Honeywell）、康卡斯特（Comcast），都廣泛利用數據、演算法和數位網路，設法說服外界它們眞的能夠在這個新時代裡競爭。無論你是在領導數位新創公司，或是致力改造傳統企業，都應該要了解人工智慧對營運、策略和競爭的革命性影響。

人工智慧工廠

這種新公司的核心是一個決策工廠，我們稱為「人工智慧工廠」。在Google和百度，人工智慧工廠的軟體負責進行每日數百萬次廣告競價。人工智慧工廠的演算法，決定哪些汽車可以在滴滴出行（Didi）、Grab、Lyft、優步（Uber），提供載客服務。人工智慧工廠設定亞馬遜上的耳機和馬球衫的價格，並在沃爾瑪的某些地點，運作清潔地板的機器人。它讓富達的客服機器人得以運作，並在Zebra Medical解讀X光片。在前述每個案例中，人工智慧工廠都將決策視爲一門科學。分析法有系統地將內部與外部的數據，轉化爲預測、深入見解和選擇，接著由這些預測、見解和選擇來指導並自動運作工作流程。

說來奇怪，可以驅動數位公司創造爆炸性成長的人工智慧，竟然並不複雜。若要帶來巨大變化，人工智慧不需要像科幻小說描述的那樣（科幻小說描述人工智慧與人類行爲並無差別，或者會模擬人類的推理，這種能力有時稱爲「強人工智慧」）。你只需要一個電腦系統，它能執行傳統上由人類來處理的任務，這通常稱爲「弱人工智慧」。

有了弱人工智慧，人工智慧工廠就已經足以做出一系列關鍵決策。在一些情況裡，它能管理如Google和臉書的資訊業務。在其他情況下，它會指導公司如何打造、交付或運作實體產品，例如，亞馬遜的倉庫機器人，或是Google的自駕車服務Waymo。但在所有的情況中，數位決策工廠都會處理最關鍵的流程和營運決策。軟體成爲企業核心，人類則移往邊陲地帶。

每個工廠都必須具備四個組成要素。第一是數據工作流（data pipeline），這是一個半自動化的流程，以系統化、可持續和可擴大規模的方式，收集、清理、整合和保護數據。第二是演算法，做出有關企業未來狀態或行動的預測。第三是實驗平台，在上面測試有關新演算法的各種假設，以確保這些演算法的建議可創造想要的效果。第四是基礎設施，這些系統會把這個流程建入軟體裡，並把它連結到內部和外部使用者。

以Google或Bing之類的搜尋引擎爲例，只要有人開始在搜尋框中輸入幾個字母，演算法就會根據眾多使用者曾輸入的字詞，以及這名使用者以往的搜尋動作，來動態預測完整的搜尋詞。預測的這些字詞會列在一個下拉式選單裡（即「自動建議字串」），可協助這名使用者快速選定一個相關的搜尋。每一次按鍵和點擊，都會被取得當成數據點（data point），而每個數據點都會改善對未來搜尋的預測。人工智慧也會產生自動搜尋結果，這些結果是取自網路上先前匯集的索引，並根據之前對於搜尋結果所做的點擊來進行優化。那個字詞的輸入，同時也針對與使用者搜尋項目最相關的廣告，啓動自動競標，結果取決於其他實驗和學習迴路（learning loop）。任何一次點擊進入或離開搜尋問題與搜尋結果頁面都可以提供有用的數據。搜尋次數愈多，預測愈正確；而預測愈正確，搜尋引擎被使用得愈多。

規模、範疇、學習不受限

至少從工業革命以來，規模一直是企業營運的核心概念。企業史學家錢德勒（Alfred Chandler）曾描述現代的工業公司，如何以低得多的單位成本，達到前所未有的生產水準，因而爲大企業帶來優於較小型對手的重要優勢。他還強調，企業若有能力擴大生產範疇或品項，就能從中獲益。推動改善和創新，增加對企業的第三項要求：學習。

規模、範疇、學習，已經開始被視爲是企業營運績效的必要驅動力。長期以來，促成這三者的是精心界定的營運流程，這些流程是由員工和主管提供產品與服務給顧客，而傳統的資訊科技系統強化了這些流程。

這種工業模式歷經數百年的逐步改善之後，現在，數位公司正在徹底改變規模、範疇、學習的典範。人工智慧驅動的流程，能夠比傳統流程更加快速地擴大規模、擴展更大得多的範疇，因爲它們輕易就能和其他數位企業連結，並創造難以置信的強大機會，以進行學習和改善，例如，有能力產生比過去更加準確和精密的顧客行爲模型，然後據以爲顧客量身打造服務。

在傳統營運模式中，規模免不了會達到報酬開始遞減的時刻。但在人工智慧驅動的模式中，我們不一定會看到這種情況，規模報酬（return on scale）可持續攀升到未曾聽聞的程度（見圖2.1「人工智慧驅動的公司如何勝過傳統公司」）。試想，如果一家人工智慧驅動的公司和一家傳統公司競爭，爲相同的顧客，提供相似（或更好）的價值主張，以及一個可大幅擴大規模的營運模式，會發生什麼事？

我們把這種對抗局面稱爲「對撞」（collision）。學習和網路效應使數量對價值創造的影響擴大，因此建立在數位核心上的公司，可能會打垮傳統組織。設想一下，亞馬遜對上傳統零售商、螞蟻金服對上傳統銀行、滴滴出行與優步對上傳統計程車服務，這種對撞產生什麼結果。就像克雷頓·克里斯汀生（Clayton Christensen）、麥可·雷諾（Michael Raynor）、羅立·麥當勞（Rory McDonald）在〈什麼才是破壞式創新？〉（"What Is Disruptive Innovation?" *HBR*, December 2015）中指出的，這種競爭性顚覆不符合破壞模式。造成對撞的原因，並不是技術或商業模式中的某項特定創新，而是因爲出現完全不同類型公司所造成的結果。

圖2.1　人工智慧驅動的公司如何勝過傳統公司

在傳統營運模式中，規模帶來的價值終究會逐步減少，但在數位營運模式中，它可能達到更高得多的水準。

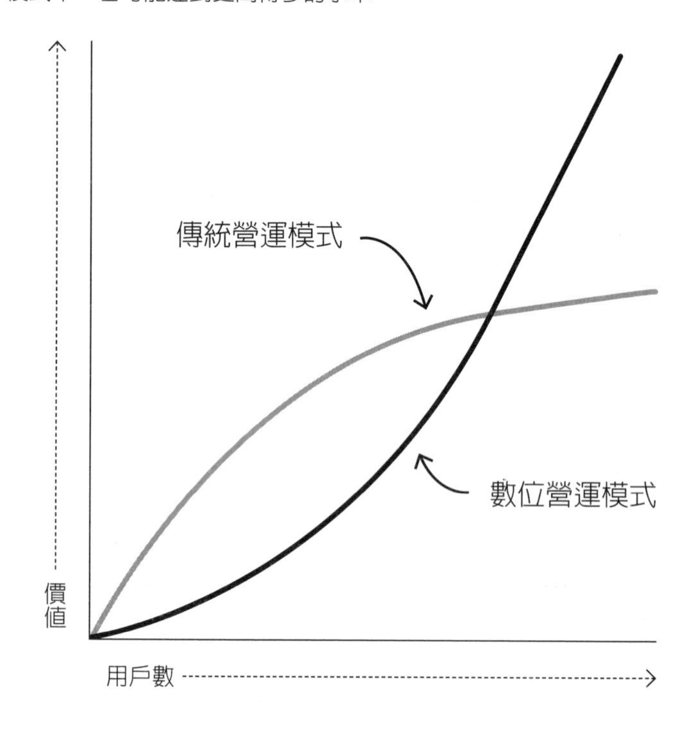

這些公司可能從根本上改變了產業，並重新塑造競爭優勢的本質。

要注意的是，人工智慧驅動的營運模式，可能得花很長時間，才能創造出可媲美傳統營運模式大規模產出的經濟價值。網路效應在達到關鍵多數（critical mass）之前，創造的價值很少，而且，大多數新應用的演算法，在獲得足夠的數據之前，都遭受「冷啓動」（cold start）之苦（編按：冷啓動是指系統尚未取得足夠數據以做出可靠的推論或推薦）。螞蟻金服成長迅速，但它的核心支付服務「支付寶」，阿里巴巴早在2004年就推出，歷經多年才達到目前的數量。這說明爲什麼安穩使用傳統模式的高階主管，起初都難以相信數位模式會有追趕上來的一天。可是數位營運模式一旦眞的發展起來，就會提供更優異得多的價值，並快速超越傳統公司。

人工智慧驅動的公司與傳統公司之間的對撞，正出現在許多產業裡：軟體、金融服務、零售、電信、媒體、健康照護、汽車，甚至農企業（agribusiness）。我們很難想到有什麼企業沒有迫切需要把營運模式數位化，以因應這些新威脅。

重建傳統企業

對傳統企業的領導人來說，與數位對手的競爭，不僅包括部署企業軟體、建立數據工作流、了解演算法和進行實驗。這些都需要重新建構公司的組織和營運模式。長久以來，公司一直是透過更大程度的聚焦與專精化，來優化規模、範疇和學習，這導致現今的絕大多數企業，都擁有各部門壁壘分明的結構。好幾代的資訊科技並沒有改變這種模式。數十年來，資訊科技一直被用於強化特定部門和組織單位的績效。傳統的企業系統甚至常會強化各部門和各產品之間壁壘分明與切割的情形。

然而，壁壘分明的部門是人工智慧驅動的成長之敵。像是Google的廣告、螞蟻金服的網路銀行MyBank之類的事業，刻意不採用壁壘分明的做法，而是設計成整合的數據核心，以及統一且一致的代碼庫。當公司中的每一個部門，都擁有自己的數據和代碼時，內部開發就會零碎分散，幾乎不可能在部門之間建立連結，也難以和外部企業網路或生態系統建立連結。而且幾乎不可能全方位地了解顧客，這種對顧客的完整了解是取自每一個部門與職能單位，同時也能供每一個部門與職能單位使用。因此公司在建立新的數位核心時，應避免深度劃分組織結構。

雖然轉換爲人工智慧驅動模式的過程充滿挑戰，但許多傳統公司已經開始進行這種變革（我們已經和其中一些公司合作）。我們最近做的一項研究，檢視了服務業和製造業中超過350家傳統企業，結果發現大多數企業已開始在組織內部加強數據收集與分析。諾斯壯百貨（Nordstrom）、沃達豐（Vodafone）、康卡斯特、威士卡（Visa）等許多公司已經有重要進展，重新設計營運模式的關鍵組成元素，並將它們數位化，而且開發精密複雜的數據平台和培養人工智慧能力。你不必是軟體新創公司，也能把業務關鍵要素數位化，但你的確必須面對各部門壁壘分明的局面，以及零碎分散的舊系統，還必須添加多種能力，並重新打造企業文化（想知道推動這種轉型的關鍵原則，見〈將人工智慧置於企業核心〉）。

將人工智慧置於企業核心

從傳統公司轉變成由人工智慧驅動的組織，不可能由一個特殊任務小組來完成，也不能靠一些獨立的自主團隊來帶領。這種轉變需要整體一起努力。在我們的研究，以及我們與多家公司的合作中，我們擬出五項原則來引導轉型（超出領導變革的常見最佳實務）。

一個策略

若要重新建構公司的營運模式，就必須在整合數據、分析和軟體的新基礎上，重新打造每個事業單位。這項深具挑戰性的耗時工作，需要有個焦點，以及一個由上而下交辦的一致任務，來協調和激發許多由下而上的行動。

一個明確的架構

一個以數據、分析和人工智慧爲基礎的新方法，需要某種程度的集中化，以及高度的一致性。數據資產應該跨越各個應用軟體而整合起來，使它們的影響極大化。零散的數據幾乎不可能一直受到保護，尤其在考慮到隱私和安全方面時，更是如此。如果數據並非全部保存在集中的儲存庫中，那麼組織必須至少擁有一個正確的目錄，列出數據的儲存位置、明確的用途指引（與保護這些數據的方式），以及有關何時和如何儲存這些數據的標準，以便讓多方可以一再使用這些數據。

一些合適的能力

打造一個由軟體、數據科學和先進分析能力所構成的基礎，雖然需要耗費很多時間，但少數積極進取、知識淵博的人才，就能完成很多工作。不過，許多組織不了解有必要有系統地聘用一種非常不同的人才，並爲這些員工制訂職涯路徑和激勵制度。

一個敏捷的「產品」焦點

建立一個以人工智慧爲中心的營運模式，重點在於把傳統流程轉化爲軟體。培養以產品爲中心的思維，是完成這項任務的關鍵。像任何世界級軟體開發專案中的產品經理一樣，以人工智慧爲運作核心的APP開發團隊，應該深入了解他們促成運作的使用案例，也就是採取產品管理導向的方法，這遠遠超出傳統IT部門採用的方法。IT部門過去的主要任務，是維持舊系統正常運作、進行軟體更新、防止遭到網路攻擊，並提供技術支援服務。開發營運模式軟體，是截然不同的工作。

多領域的治理

數位資產的治理已經變得日益重要且複雜，需要不同領域和職能進行深思熟慮的協同合作。數據隱私、演算法偏見和網路安全的挑戰，正在增加風險，甚至增加政府的干預和監管。治理部門應整合法務和公司事務職能，甚至可能要參與產品和技術的決策。人工智慧必須深入思考法律和道德的挑戰，包括仔細考慮應該（和不應該）儲存和保有哪些數據。

富達投資集團（Fidelity Investments）正在使用人工智慧，來推動重要領域的流程，包括顧客服務、顧客見解和投資建議。富達的人工智慧計畫是以多年的努力爲基礎，這些做法要把數據資產整合爲一個數位核心，並根據這個核心重新設計整個組織。這項工作

尚未大功告成，但在整個公司的許多高價值使用案例中，人工智慧的影響已經明顯可見。爲了和亞馬遜競爭，沃爾瑪正以人工智慧爲核心來重建營運模式，並用一個以雲端爲基礎的整合架構，取代傳統壁壘分明的多個企業軟體系統。這可讓沃爾瑪在各種功能強大的新應用軟體中，使用自家獨一無二的數據資產，並透過人工智慧和分析法，自動化或強化愈來愈多營運工作。在微軟，執行長納德拉把公司的未來押注在營運模式的全盤轉型。（見〈微軟的人工智慧轉型〉。）

重新考慮策略與能力

隨著以人工智慧爲動力的公司與傳統企業對撞，競爭優勢的定義逐漸改變爲：塑造和控制數位網路的能力。〔見〈有些平台勝出，有些平台卻……〉（“Why Some Platforms Thrive and Others Don’t,” *HBR*, January-February 2019）〕。組織若是擅長連結各項事業、整合這些事業之間流動的數據，並透過分析和人工智慧來擷取數據的價值，將會占上風。傳統的網路效應和人工智慧驅動的學習曲線，將會彼此強化，使兩者的影

微軟的人工智慧轉型

微軟進行多年的研究之後，才轉型爲由人工智慧驅動的公司，但在重新安排內部資訊科技和數據資產以後（這兩者在過去一直分散在各營運單位之中），轉型才得以快速進展。領導推動這項工作的是曾領導負責Office軟體業務的柯特‧德爾本（Kurt DelBene），他後來離職去協助整頓美國政府的健保入口網站HealthCare.gov，然後在2015年返回微軟任職。

微軟執行長納德拉選擇一個有產品經驗的人去負責IT部門，並建立「人工智慧工廠」，作爲微軟新營運模式的基礎，這是有原因的。「我們的產品就是流程，」德爾本告訴我們：「首先，我們要闡明我們所支援的系統和流程具備什麼願景。其次，我們會像產品開發團隊一樣運作，而且採取敏捷法。」爲了加強他的團隊朝這個方向發展，他引進從產品部門精心挑選的領導人和工程師。

如今，核心工程（Core Engineering，這是IT部門目前的名稱）成爲微軟自身轉型做法的展示櫥窗。由於這個團隊的努力，以前各單位各自執行的許多傳統流程，得以透過微軟Azure雲端平台上一個一致的軟體庫來運作。此外，這個團隊正在推動建立全公司通用的一個數據架構。這個以人工智慧爲基礎的新營運平台，把公司這個龐大的組織，連結到一個共享的軟體元件庫、演算法儲存庫和數據目錄，全都可用來在各個不同的業務部門裡，快速建立和部署數位流程。

人工智慧除了可以提高生產力和可擴充性，還有助於防止出現問題。「我們運用人工智慧，來了解事物何時開始以意想不到的方式運作，」德爾本說：「以往我們能做的最好處理，就是盡快做出反應。現在，我們可以搶占先機，預先防範不良合約和網路數據外洩等許多問題。」

響力大為增加。你可以在Google、臉書、騰訊和阿里巴巴這類公司中看到這種動態發展；這些公司透過許多網路連結來累積數據，並打造必要的演算法，來增強在不同產業的競爭優勢，因而成為強大的「樞紐」（hub）公司。

同時，聚焦在傳統產業分析的傳統策略方法，變得愈來愈無效。以汽車公司為例，他們面臨從優步到Waymo等多種新的數位威脅，每個威脅都來自傳統產業界限之外。但汽車業高階主管若是突破傳統產業環境脈絡來思考汽車，把它想成一種高度連結、人工智慧促成的服務，就不僅能捍衛自我，還能透過地方商業機會、廣告、新聞和娛樂動態消息、以位置為基礎的服務等，來獲得新價值。

從前高階主管獲得的建議，是堅守他們了解的生意，從事他們了解的產業。但演算法和數據流（data flow）當中的綜效，並不遵守產業界限。無法跨越那些界限來善用顧客和數據的組織，可能會處於很大的劣勢。企業策略必須轉移焦點，從聚焦在產業分析和公司內部資源的管理，轉為聚焦在公司跨產業建立的連結，以及公司所使用網路中的數據流。

這一切，都對組織和組織內的員工有重大意義。機器學習（machine learning）將改變幾乎每一項職務的性質，不論職業、收入水準或專精領域。毫無疑問，以人工智慧爲基礎的營運模式，會迫使許多人失去工作。好幾項研究顯示，目前的工作活動中，可能有半數會被人工智慧促成的系統所取代。我們應該不會對這個情況感到驚訝。畢竟長期以來，營運模式的設計一直都是要讓許多工作變得可預測、可重複進行。例如，在結帳時掃描產品、製作拿鐵和消除疝氣的流程，都因標準化而受益，無需太多的人類創意。雖然人工智慧的改善，將讓許多職務變得更豐富，並產生各種有趣的機會，但似乎不可避免的是，它們也會導致許多職業的人失業。

這些失業情況不僅包括工作被取代，也包括傳統能力遭到削弱。在幾乎每種環境下，人工智慧驅動的公司都與高度專精化的組織正面競爭。在人工智慧驅動的世界，競爭的必要條件與專精化的關係較小，更重要的是在數據取得、處理、分析、演算法開發等方面的一整套通用能力。這些新的通用能力正在重塑策略、事業設計，甚至領導力。目前，很多不同的數位和網路企業的策略，看起來都很相似，而營運績效的驅動因素也很相似。產業專業知識已經變得較不重要。優步之前在尋找新的執行長時，董事會聘雇一位曾經營過數位公司Expedia的人，而不是經營過豪華轎車服務公司的人。

我們正在從各個產業的核心能力都不相同的時代，轉向一個由數據與分析法塑造、由演算法驅動的時代，而這一切運作的主機都建置在雲端服務之中，任何人都可以使用。正因如此，阿里巴巴與亞馬遜能夠在極為不同的產業裡競爭，像是零售與金融服務、健康照護與信用評等。這些產業領域現在有許多類似的技術基礎，並採用相同的方法與工具。策略也在轉變，從傳統上以成本、品質、品牌資產和專精化的垂直領域專長為基礎的差異化，轉向不同的優勢，例如企業網路位置、獨特數據的累積、複雜分析法的部署等。

領導力大挑戰

移除營運限制雖然可以創造大幅成長，但不一定是好事。無摩擦的系統容易變得不穩定，而且，一旦開始運作就很難停止。想想沒有剎車的汽車，或是無法減速的滑雪者。數位訊號（例如網路上瘋狂流行的某個事物）可以在網路中迅速傳播，幾乎無法停止，即使是最初啓動它的組織，或控制網路中關鍵樞紐的實體，都無法制止它。在沒有摩擦的情況下，煽動暴力的影片、虛假或操縱性的標題，都可能迅速傳播給不同網路上的數十億人，甚至可以使圖像變形，促使人們點擊和下載。如果你有訊息要發送，人工智慧提供一種絕佳方式來發送給大量人員，並能針對那些人以個人化方式製作那個訊息。但是，行銷人員的天堂可能是一般人的噩夢。

數位營運模式可能讓危害與價值並存。即使意圖是正面的，潛在的負面影響也可能很大。一個錯誤，就可能使大型數位網路遭到毀滅性的網路攻擊。演算法如果不受節制，可能會造成大規模的偏見和錯誤訊息。各種風險可能擴大規模。想想看，數位銀行正以空前未見的方式，匯集消費者的存款。螞蟻金服目前經營全球規模數一數二的貨幣市場基金，數億名中國消費者把存款託付給它。其中的風險極大，尤其它是一個未經驗證的機構。

數位的規模、範疇和學習，帶來一系列新挑戰，不僅有隱私和網路安全問題，還包括因市場集中、失業、不平等加劇而造成的社會動盪。負責監督企業的機構，例如法規監理機關，正吃力地想要跟上所有的快速變化。

在人工智慧驅動的世界，一旦確定某個產品適合市場需要，使用者數量、投入程度和營收都可能一飛沖天。但愈來愈明顯的情況是，無節制的成長會有危險。採用數位營運模式的企業擁有巨大潛力，但必須明確考量它們造成廣泛傷害的能力。順利應對這些機會和威脅，將是對企業和公共機構領導人的重大考驗。

（侯秀琴譯，轉載自2020年11月《哈佛商業評論》）

卡林．拉哈尼

哈佛商學院企管講座教授與研究員，也是哈佛大學創新科學實驗室（Laboratory for Innovation Science）創辦人兼主任。與人合著有《領導者的數位轉型》（*Competing in the Age of AI, HBR Press*, 2020）。

馬可．顏西提

哈佛大學商學院企管講座教授，以及科技與轉型講座教授。他曾為許多科技公司提供顧問服務，包括微軟、臉書和亞馬遜等。與卡林・拉哈尼合著《領導者的數位轉型》。

—— 第三章 ——

機器學習贏家祕訣

How to Win with Machine Learning

阿維 · 高德法布 Avi Goldfarb
阿杰 · 艾格拉瓦 Ajay Agrawal
約書亞 · 格恩斯 Joshua Gans

過去十年間，人工智慧在一個令人振奮的領域突飛猛進，那就是「機器學習」。這種技術把輸入的數據轉化爲各項預測，使亞馬遜、蘋果、臉書、Google等科技巨擘有能力大幅改善產品。它也刺激新創公司推出新產品與平台，有時甚至與大型科技公司競爭。

以總部位於多倫多的BenchSci爲例。這家公司設法加快藥物開發的流程，目標是讓科學家更容易在大海撈針的過程中找到針，也就是從藥廠內部的數據庫及大量已經發表的科學研究中，找到最關鍵的資訊。爲了讓候選的新藥進入臨床試驗，科學家必須進行昂貴且耗時的實驗。BenchSci發現，科學家若是能將已完成的大量實驗中產生的更好見解加以運用，就可以少做一些這類實驗，並獲得更大的成果。

BenchSci確實發現，機器學習系統可以閱讀、分類科學研究，然後呈現從這些研究中產生的見解；科學家如果善用這樣的機器學習，就可以把藥物進入臨床試驗通常所需的實驗數量減半。更具體地說，他們可以使用這項技術，找到恰當的生物試劑，也就是影響及測量蛋白質表現的必要物質。藉由仔細檢視已發表的文獻來找出這些物質，而不是從頭再發現它們，就

—— 本文觀念精粹 ——

挑戰

隨著愈來愈多的企業部署機器學習，以實現AI支持的產品和服務，企業面臨的挑戰是在市場上建立一個能夠抵禦競爭的地位，這個挑戰對於那些較晚進入市場的企業來說尤爲艱巨。

如何領先

最成功的AI使用者從早期就累積了大量的訓練數據，接著利用回饋數據在預測品質上與後來的競爭者拉開價值差距。

如何迎頭趕上

即使是後進者，只要他們能找到高品質的訓練數據或回饋數據，或者能夠將他們的預測調整成適合某個特定的市場，就仍有可能在市場上站穩腳跟。

可以大幅縮短生產候選新藥所需的時間，每年還可以省下超過170億美元，在這個研發報酬率已經變得極低的產業裡，如此龐大的成本節約可能轉變整個市場。

此外，讓新藥更快上市也可以挽救許多生命。

值得注意的是，目前BenchSci在它專精的領域裡所做的事情，其實很像Google在整個網際網路做的事情：使用機器學習在搜尋產業取得領先。Google可以協助你了解如何修理洗碗機，讓你避免大老遠跑一趟圖書館查資料，或者省下昂貴的修理服務費用，同樣的，BenchSci協助科學家找出合適的試劑，免除進行大量研究與實驗的麻煩或費用。以前，科學家常用Google或PubMed來搜尋文獻（這個過程要花好幾天），然後閱讀文獻（也要花好幾天），之後訂購三到六種試劑並進行測試，接下來從中挑選出一種試劑（需要花數週的時間）。現在，他們在BenchSci搜尋幾分鐘，然後訂購並測試一到三種試劑，接著從中挑選一種試劑（進行較少的測試，花費較少的時間）。

許多公司已經開始使用人工智慧來運作，而且知道可以採取哪些實際的做法，把人工智慧整合到自身的營運中，善用它的力量。但隨著公司對這個領域愈來愈熟練，他們必須考慮一個更廣泛的議題：如何利用機器學習，在企業的周遭打造一道可防禦的護城河，也就是創造出競爭對手無法輕易模仿的東西？以

BenchSci為例，它最初的成功是否會吸引Google來競爭？如果會的話，它如何維持領先地位？

接下來我們會說明，公司若是以人工智慧賦能的產品或服務進入某個產業，要如何建立持久的競爭優勢，以及提高進入障礙以阻擋後進者。我們注意到，提早行動通常是一大優勢，但重點不僅止於此。我們會提到，新技術的後期採用者仍然可以藉由找到利基市場而迎頭趕上，或至少縮小一些差距。

以AI進行預測

企業使用機器學習來辨識各種形態，接著做出預測，包括：什麼能吸引顧客、什麼能改善營運，或者什麼能協助改善產品。然而，在根據這些預測來制定策略之前，你必須先了解這個預測流程所需的輸入數據、取得那些輸入數據會面臨的挑戰，以及回饋數據如何逐漸改進演算法，以做出更好的預測。

輸入並不簡單

在機器學習的情境中，預測是指資訊輸出，這是在輸入數據以執行演算法之後輸出的資訊。例如，你的行動導航應用程式提供有關兩點之間最佳路線的預測，它所用的輸入數據包括交通狀況、速度限制、道路大小和其他因素。接著，它使用一套演算法來預測最快的路線，以及所需的時間。

任何預測流程的關鍵挑戰，都是你必須自己創造訓練數據（例如聘請專家來進行分類），或是從現有來源採購訓練數據（例如健康紀錄）；訓練數據是指，爲了獲得合理結果而需要輸入的數據。有些類型的數據很容易從公共來源取得（例如天氣、地圖資訊）。如果消費者認爲提供自己的個人數據可得到好處，他們可能也願意提供。例如，Fitbit與蘋果手表（Apple Watch）的使用者讓這兩家公司透過他們穿戴的裝置，收集他們的運動量、卡路里攝取量等指標，以管理他們的健康與健身狀況。

不過，如果取得訓練數據需要許多人合作，而這些人無法因此直接受惠，公司可能就很難取得訓練數據以進行預測。例如，導航應用程式可以藉由追蹤使用者，以及取得使用者提報的資訊，來收集交通狀況的數據。這些資訊讓應用程式找出可能塞車的地點，並向朝那些地方行駛的其他駕駛人發出警訊。但是，已經塞在車陣中的駕駛人參與這件事，不太能獲得直接的好處，而且他們可能會覺得困擾，因爲這個應用程式知道他們在任何時刻的位置（而且還可能記錄他們的行動）。如果身陷車陣中的使用者拒絕分享自己的數據，或是關閉他們的地理定位器，這個應用程式預先提醒塞車問題的能力，可能就會受到影響。

另一個挑戰，可能是需要定期更新訓練數據。這不見得一定會是問題；如果預測的基本背景條件維持不變，就不必定期更新訓練數據。例如，放射學是分析人的生理機能，這在不同人的身上、不同的時間點都是一致的。因此，數據累積到某個點以後，訓練數據庫再加入額外紀錄的邊際價值幾乎是零。但在其他情況下，演算法可能需要經常更新數據，納入可反映基本環境變化的全新數據。例如，對於導航應用程式而言，新的道路或圓環、重新命名的街道，以及類似的改變，長期下來會導致應用程式的預測變得較不正確，除非更新構成最初訓練數據的那些地圖。

當心回饋迴圈放大錯誤參數

在許多情況下，演算法可以利用回饋數據，不斷地改進；若是把實際的結果，拿來和當初用來產出預測的輸入數據進行比較，就可以產生回饋數據。如果在明確定義的界線內可能會出現很大的變化，這種工具就特別有助益。例如，如果你的手機以你的頭像作為解鎖機制，你必須先訓練手機辨識你。但你的臉可能有很大的變化。你可能戴眼鏡或不戴眼鏡，可能換新髮型、化妝，或者變胖或變瘦。因此，如果手機只依賴最初的訓練數據，它預測「你是你」的結果就不是那麼可靠了。但實際的狀況是，每次解鎖手機時，手機都會用你提供的所有圖像來更新演算法。

在動態環境中，回饋數據無法輕易分類及取得，因此很難創造這種回饋迴圈。以智慧型手機的臉部辨識應用程式為例，如果每次輸入臉部數據的人都是手機的主人，回饋數據才能產生比較好的預測。如果長得夠像的其他人也能解鎖，並持續使用這支手機，手機預測這名使用者是手機主人的結果會變得不可靠。

而且，把偏見導入機器學習中非常容易，這很危險，尤其若是有多個因素都能發揮作用的情況下，更是危險。假設放款人使用人工智慧賦能的流程，來評估貸款申請人的信用風險，考慮他的收入水準、就業歷史、人口統計特性等等。如果這個演算法的訓練數據歧視某個群體（比如有色人種），回饋迴路就會讓這種偏見持續存在，甚至變本加厲，使有色人種在申請貸款時更有可能遭到拒絕。如果沒有仔細定義的參數，以及可靠、無偏見的來源，回饋數據幾乎不可能安全地納入演算法中。

在預測中建立競爭優勢

在機器學習領域中建立可長久維持的事業，在很多方面很類似在任何產業中建立可長久維持的事業。你必須先有一個可銷售的產品，盡早在市場上占據一個可防禦的位置，並且讓別人更難在你之後進入市場。你能否做到這些，取決於你對以下三個問題的答案：

掌握數據愈多，愈難被超越

首先，**你有足夠的訓練數據嗎**？打從一開始，預測機器就必須產生商業上夠好的預測。「夠好」的定義也許可以考慮以下因素：法規（例如，進行醫療診斷的人工智慧必須符合政府標準）、可用性（聊天機器人的運作必須夠順暢，讓打電話進來的人可以回應機器，而不是等著和電話中心的眞人說話），或者競爭（試圖進入網路搜尋市場的公司，需要有一定程度的預測準確度，才能和Google競爭）。因此，創造或取得足夠的訓練數據，以便做出夠好的預測，這個過程所需的時間與精力，就是一種進入障礙。

這個障礙可能很高。以放射學爲例，在這個領域，做預測的機器必須表現得比高技能的眞人優異很多，我們才會放心把人命託付給機器。這表示，第一家爲放射學打造一般通用人工智慧（可解讀任何掃描圖像）的公司，一開始面臨的競爭很少，因爲成功需要大量數據。但如果市場成長迅速，最初的優勢可能維持不久，因爲在快速成長的市場中，取得訓練數據的回報可能很大，足以吸引多家財力雄厚的大公司加入。

當然，這表示輸入訓練數據的要求條件，就跟許多東西一樣，受到規模經濟的影響。高成長的市場會吸引投資，隨著時間推移，這會提高下一個新進業者的進入門檻（也迫使已經進入市場的每一家業者，花更多錢去開發或行銷本身的產品）。因此，你有愈多的數據可用來訓練機器，任何競爭對手面臨的障礙就愈大，而這引導至第二個問題。

令人望塵莫及的迴圈速度

再看，**你的回饋迴圈有多快**？預測機器運用傳統上屬於人類的優勢，也就是說，它們會學習。機器如果納入回饋數據，就能從結果中學習，並提高下一次預測的品質。

然而，這種優勢的大小，取決於獲得回饋所需的時間。以放射檢查為例，如果需要解剖檢驗，才能評估機器學習演算法是否正確預測癌症，這種回饋將會很緩慢；而即使這家公司初期可能在收集及解讀掃描影像方面領先，但它的學習能力會因為回饋速度太慢而受限，因而很難維持領先地位。相反的，如果獲得預測後可以迅速產生回饋數據，早期的領先就可以轉化爲持久的競爭優勢，因爲競爭對手即使是最大的公司，不久後也無法達到最低有效規模（minimum effective scale）。

2009年微軟推出Bing搜尋引擎時，Bing獲得微軟全力支持。微軟對它投資數十億美元。但十多年後，Bing的市占率仍遠遠落後Google，無論是搜尋量還是搜尋廣告收入，都落後Google許多。Bing發現難以追上Google的一個原因，就是回饋迴圈。在搜尋方面，從預測（爲一個查詢提供一個頁面，上面有幾個建議的連結）到回饋（使用者點擊其中一個連結）之間的時間很短，通常只有幾秒鐘。換句話說，這個回饋迴圈又快又強大。

Bing進入市場時，Google已經推出以人工智慧爲基礎的搜尋引擎十幾年了，已協助數百萬名使用者，而且每天執行數十億次搜尋。每次使用者查詢時，Google便提出最相關連結的預測；接著，使用者從中選擇最好的連結，讓Google能夠更新它的預測模型。這樣就可以在持續擴大的搜尋領域中，不斷地學習。Google有這麼多的使用者提供如此多的訓練數據，所以辨識新事件與新趨勢的速度比Bing還快。最後，快速的回饋迴圈，再加上其他因素（例如Google持續投資龐大的數據處理設備；使用者改用另一種搜尋引擎的實際成本，或他們認為的成本），導致Bing總是落後。其他試圖與Google和Bing競爭的搜尋引擎，甚至連起步的機會都沒有。

精準預判顧客需求

最後，**你的預測有多準**？任何產品的成功，最終都取決於你付出以後得到什麼。消費者在面對價格一樣的兩種類似商品時，通常會選感覺品質比較好的商品。

我們提過，預測的品質通常很容易評估。在放射學、搜尋、廣告和許多其他領域，公司設計人工智慧系統時，可以採用一個清楚明確的品質標準：準確性。就像其他的產業一樣，品質最好的產品，需求比較高。不過，以人工智慧為基礎的產品與其他產品不同，因為對大多數產品來說，品質較好的產品，價格就較高；銷售劣質產品業者的生存之道，就是使用較便宜的材料，或較便宜的製造流程，然後以較低的價格出售。這種策略在人工智慧環境中是行不通的。人工智慧是以軟體爲基礎，因此提出劣質預測的成本，和優質預測的成本一樣昂貴，因而讓壓低價格的做法不切實際。如果較佳的預測與較差的預測訂定相同價格，那就沒有理由購買品質較差的預測。

這是Google在搜尋界的霸主地位堅不可摧的另一個原因。競爭對手的預測常常看起來和Google的很像。在Google或Bing中輸入「天氣」，結果大致相同，也就是天氣預報會先跳出來。但是，如果你輸入一個較不常見的詞，差異就出現了。例如，你輸入「破壞」，Bing的搜尋結果首頁通常是顯示字典的定義，而Google是提供定義，以及「破壞式創新」的研究論文連結。儘管Bing在某些文字的查詢上表現得跟Google一樣好，但若是查詢另一些文字，Bing在預測使用者想要的內容方面就較不準確。而且在所有搜尋類別中，鮮有用戶認爲Bing的表現優於Google。

迎頭趕上

基本上，在人工智慧的領域，如果回饋迴圈快速，而且績效品質明顯，早期的先行者就可以憑藉規模的基礎，來打造競爭優勢。這對後進者來說，意味著什麼？在這三個問題的背後隱藏著一些線索，顯示後進者可以採取兩種方式在市場中找到立足之處。潛在的競爭者不必在這兩種方法中二選一，可以雙管齊下。

特殊數據成為致勝關鍵

找出其他的數據來源，並固守這些來源。在預測工具的一些市場中，可能會有一些潛在的訓練數據庫是既有業者尚未掌握的。再以放射學爲例，每年有數萬名醫師各自解讀數萬份的掃描檔，這表示仍有數以億計（甚至數十億）的新數據點可用。

先行者是從數百名放射醫師那裡取得訓練數據。當然，一旦他們的軟體開始實際運作，掃描的數量及數據庫裡的回饋數量都會大幅增加；但是，之前分析及驗證過的數十億份掃描檔，對後進者是一個機會，如果他們匯集那些掃描檔，進行整體分析，就有迎頭趕上的機會。他們若是眞的這麼做，或許可以開發出一種能做出夠好預測的人工智慧，並推出上市，之後他們也可以從回饋數據中受惠。

後進者在訓練人工智慧時，也可以考慮使用病理學或解剖學數據，而不是眞人診斷的數據。這種策略可讓他們更快達到品質門檻（因爲活檢及剖檢比身體掃描更明確），雖然後續的回饋迴圈可能比較慢。

或者，後進者不必去找未使用過的訓練數據來源，而去找回饋數據的新來源，使學習速度比既有業者更快（BenchSci就是這樣做的成功例子）。新進者因率先採用較快速回饋數據的新來源，所以可以從使用者的行爲與選擇中學習，以改善產品。不過，在回饋迴圈已經相當快速、既有企業的營運規模已經很大的市場中，新進業者採用這種方法的機會很有限。而且，明顯快很多的回饋，可能顚覆目前的做法，而這表示新進業者不是眞的與既有業者競爭，而是取代它們。

尋找不同的服務對象

預測差異化。另一種可協助後進者變得有競爭力的方法，就是重新定義什麼因素會讓預測變得「更好」，即使只是對某些顧客來說比較好。例如在放射學領域，如果市場需要不同類型的預測，這種策略就有機會實踐。先行者很可能是使用來自一個醫院體系、一種類型的硬體或一個國家的數據，來訓練它的演算法。新進者可使用來自另一個系統或另一個國家的訓練數據（以及之後的回饋數據），為那個使用者區隔量身打造人工智慧，只要那個使用者區隔夠明確獨特即可。比方說，如果美國的城市居民與中國鄉下居民的健康狀況不同，用來診斷其中一個群體的預測機器，在診斷另一個群體時可能較不準確。

根據某一類硬體的數據來做預測，也可能提供市場機會，只要那種商業模式可以降低成本，或者可讓更多顧客使用。如今許多放射學的人工智慧系統，是從最廣泛使用的X光機、掃描機、超音波裝置取得數據，而這些設備是由奇異（GE）、西門子（Siemens）和其他根基穩固的製造商所生產。然而，如果把這些演算法用於其他機器的數據，所產生的預測結果可能較不準確。因此，後進者可以針對其他機器專門打造產品，找到一個利基市場；如果那些機器的購買或操作成本較低，或是專為特定顧客的需求而製造，可能就會對某些醫院很有吸引力。

你想預測什麼？

預測機器的潛力很大，科技巨擘無疑擁有先機。但請記住，預測就像經過精確設計的產品，是針對明確的目的與情境而仔細調整。你只要在使用目的和情境上稍微做出一點差異，就可以爲你的產品在市場上打造一塊可防禦的領域。儘管魔鬼藏在如何收集及使用數據的細節裡，你也可以在那裡面找到解救之道。

不過，在智慧型機器驅動的產業裡，想要與大型科技公司競爭，眞正的關鍵在於一個只有人類才能回答的問題：你想預測什麼？當然，找到答案並不容易。若要找到答案，就必須深入了解市場動態，並仔細分析某些預測的潛在價値，以及根據這些預測而建立的產品和服務有什麼潛在價値。因此也難怪，BenchSci A2系列融資的主要投資者，並不是加拿大本土的科技投資者，而是Google旗下一家專注於人工智慧的創投公司Gradient Ventures。

（洪慧芳譯，轉載自2020年10月《哈佛商業評論》）

阿維・高德法布

多倫多大學羅特曼管理學院人工智慧和健康照護講座教授，也是創意破壞實驗室的首席數據科學家，與人合著《AI經濟的策略思維》。

阿杰・艾格拉瓦

多倫多大學羅特曼管理學院創業與創新講座教授，也是創意破壞實驗室與元宇宙思維實驗室創辦人，NEXT Canada與Sanctuary共同創辦人。他與人合著《AI經濟的策略思維》。

約書亞・格恩斯

多倫多大學羅特曼管理學院技術創新與創業講座教授，以及創意破壞實驗室的首席經濟學家。他與人合著《AI經濟的策略思維》。

—— 第四章 ——

培養數位心態，為轉型加速

Developing a Digital Mindset

保羅．雷奧那帝 Paul Leonardi
采黛爾．尼利 Tsedal Neeley

蒂埃里．布雷頓（Thierry Breton）在2008年接任法國資訊科技服務公司源訊（Atos）的執行長，當時他很清楚，源訊需要立即進行重大的數位轉型。那時全球正處於「經濟大衰退」（Great Recession）期間，源訊的年營收成長將近16%，達到62億美元，但成長速度不如競爭對手。各自爲政的業務和職能團隊影響公司營運，導致公司匯集全球資源的措施受限，而且必須在整個公司進行更多的創新。數位轉型是向前邁進的不二法門。

但是，資訊界巨頭企業要如何進行？布雷頓從擴大公司規模和推動全球化著手，提供更多線上交易服務、系統整合、網路安全等等。他把公司人力增加一倍，達到10萬人，希望藉此抵擋周遭的競爭對手，包括來自加州矽谷、印度和中國的數位原生新創公司。布雷頓也提出計畫，打算把人工智慧和其他由數據驅動的科技，整合納入公司的各項流程，並爲不斷擴增的公司人力提高技能。

這項爲期三年的數位轉型計畫，有賴於創造持續學習的文化，並需要員工培養我們所謂的「數位心態」（digital mindset）。布雷頓及其團隊，針對如何達成

—— 本文觀念精粹 ——

問題

學習科技技能對數位轉型來說至關重要，但這還不夠，員工必須有動力利用新技能創造新機會。

解決方案

他們需要具備數位思維：一套能夠讓他們理解數據、演算法和AI如何開創可能性的態度和行爲，並使他們能夠在一個日益依賴科技的世界中找到成功的道路。具有這種思維的員工在工作中更成功，工作滿意度更高，而具有此種思維的領導者更能夠使組織走向成功。

保持動力

數位轉型往往會遭遇阻力，而且難免出現失誤。公司在兩個領域保持專注時會表現得更好：（1）爲人們準備適應新的數位化組織文化，以及（2）設計和調整系統與流程。

這些目標，探討與爭辯各種選項。有些人認爲，穩健扎實的訓練計畫是向前邁進的唯一途徑；其他人則相信，在工作中學習才是最佳做法。他們最後制定「數位轉型工廠」（Digital Transformation Factory）這項技能提升認證計畫。最初的目標是訓練35,000名技術和非技術員工，讓他們學習數位科技和AI。

值得注意的是，這項技能提升計畫是自願參加的。布雷頓的團隊展開內部宣傳活動，鼓勵員工學習和取得認證。他們也設立同儕和主管提名制度，以吸引員工加入這項計畫，並提供獎勵給達到各項認證標準的人。他們的想法是，如果員工自願參加而獲得認證，就更可能將這些新的數位技能內化進心中，並據此修正自己的工作行爲。這項學習計畫配合每一個人的需求，從數據科學家和技能精良的工程師，到從事銷售和行銷等傳統上不屬於技術性質的職能，都包括在內。

新計畫的結果超過預期。三年內有七萬多人完成數位認證，而這主要是因爲員工了解到，公司的成長必須要靠大家熟習數位科技。源訊的發展方向顯然很正確。布雷頓於2019年離開，出任法國的歐盟執委會委員時，源訊的年營收已經接近130億美元。

何謂「數位心態」？

學習新的科技技能是數位轉型的必要條件。但這樣還不夠，必須鼓勵員工使用自身的技能來創造新的機會。他們需要「數位心態」。

心理學家說明，「心態」（mindset）是一種思考和定位世界的方式，這種方式塑造我們的觀感、感覺和行事方式。「數位心態」是一套態度和行爲，讓人員和組織得以看到數據、演算法和AI如何開啓新的可能性，並在日益由數據密集的技術，和智慧科技所主宰的商業領域中，描繪出成功之道。

培養數位心態需要許多努力，不過這很值得。我們的經驗顯示，擁有數位心態的員工，在工作上更成功，對工作更滿意，更可能獲得升遷，也能培養一些有用的技能；就算他們決定換工作，也能帶著這些技能離開。

擁有數位心態的領導人，更能夠讓組織處於取得成功的有利地位，並建立有韌性的工作團隊。擁有數位心態的公司，能夠更快速因應市場的變化，也處於有利的地位，能夠善用新的商機。

就像其他變革計畫一樣，數位轉型經常遭遇阻力，早期的失誤也在所難免。根據我們的經驗，在這方面表現最好的公司，都專注於兩個關鍵領域：

1. 讓員工做好準備，以接受新的數位組織文化。
2. 設計互相配合的系統和流程。

本文將提出基本原則，並汲取飛利浦（Philips）、莫德納（Moderna）和聯合利華（Unilever）等公司的心得教訓。這些公司提供一套發展路線圖，以便在現有的人才庫中培養數位心態，並讓各項系統和流程互相配合，以利用嫻熟的數位能力。

建立持續學習的文化

健康服務公司飛利浦，最近把核心能力從供應健康相關產品，轉為提供數位解決方案。為了促使員工配合這個新發展方向，公司必須創造持續學習的環境。飛利浦與雲端學習和人力資源軟體供應商Cornerstone OnDemand合作，建立由AI運作的基本設施，能配合學員的特定需求和步調進行調整。員工能像分享音樂串流服務的播放清單一樣，與同事分享爲他們客製化的課程清單。這個平台的社群媒體功能，促進新員工與可能指導他們的較資深員工建立關係，以培養比正式的配對計畫更自然的「同儕－導師」（peer-mentor）關係。

飛利浦的領導人擔任持續學習計畫的老師，並強調公司不只需要新的知識，也必須改變企業文化。他們爲團隊成員的未來負起責任，而不只是管理各項工作任務，並在訓練課程當中分享他們的專業能力、知識和熱情。公司收集員工如何使用平台的相關數據，衡量持續學習與績效之間的相關性，並檢視各種工具如何以預期和非預期的方式，協助員工學習。

培養數位心態的能力，取決於員工內化這項努力的程度。思考他們會如何使用新工具，並與這些工具互動，以及這些工具能夠如何協助他們提高績效，對數位轉型的成功非常重要。

加速接受度

數位變革經常很激進，會需要改變共同擁有的價值觀、常規做法、態度和行為。這是艱鉅的任務，因此一個有助益的做法，是以大膽的行動展開變革計畫：這種行動要能吸引大家的注意，並促使每一個員工了解公司需要新的方向。這類行動的例子包括：進行重大改組、從事收購、重新分配資源、聘任一名直屬於執行長的數位轉型總負責人，以及宣布公司正逐步廢除某一套舊系統。

展示新作風可以創造動能，可是這還不夠。採取大膽的行動之後必定是漫長的推進過程，一開始要先評估，員工對數位轉型計畫有什麼感受。有的人可能對未知情況感到不安；有的人可能擔憂自己是否能夠學習這項新技能，並應用在自己的工作上。技術和非技術人員都難免會產生這些焦慮感受。員工也可能懷疑，數位轉型對公司和他們的工作是否真的很重要。

推動激進變革的時候，經理人必須小心衡量兩個關鍵面向：支持程度（員工有多麼相信這種改變會為他們和組織帶來好處），以及學習能力（員工對自己能獲得足夠的新能力以通過考核的自信程度）。如果員工完全支持轉型策略，並覺得自己能夠協助實現目標，因而有動機要培養相關能力，那麼接受程度就會達到最高。

在數位轉型期間，這兩個面向結合起來，會產生一個包含四種反應的矩陣：感受壓迫、挫折沮喪、冷漠無感、受到啓發（請參考圖4.1「接受度矩陣」）。在最

圖4.1 接受度矩陣

數位轉型在員工之間引發一系列反應。

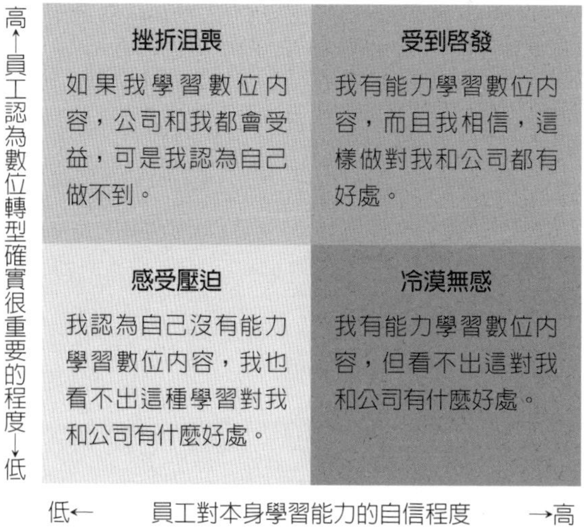

高↑員工認為數位轉型確實很重要的程度↓低	**挫折沮喪** 如果我學習數位內容，公司和我都會受益，可是我認為自己做不到。	**受到啓發** 我有能力學習數位內容，而且我相信，這樣做對我和公司都有好處。
	感受壓迫 我認為自己沒有能力學習數位內容，我也看不出這種學習對我和公司有什麼好處。	**冷漠無感** 我有能力學習數位內容，但看不出這對我和公司有什麼好處。
	低← 員工對本身學習能力的自信程度	→高

佳情況的情境裡，人們位於矩陣的右上象限，也就是受到這項變革的啓發，並相信自己有能力學習數位內容。主管應評估每一個團隊成員位於哪個象限，然後根據情況需要，推動個別人員轉到不同的象限。

促進支持。要協助看不出培養數位能力有何價値的人（這類人員處於矩陣下層那兩個象限），參與變革行動，領導人必須加強傳播訊息，強調數位轉型是公司非常重要、而且有待開發領域。他們應該推出內部宣傳活動，以協助員工想像數位科技推動的公司有哪些發展潛力。主管應鼓勵團隊成員，相信自己能爲這樣的數位組織做出重要貢獻。

促進自信。在促使員工支持轉型計畫後，主管應致力於讓位於左邊兩個象限的成員加強自信。我們發現，人們對數位科技的經驗愈豐富（不論是經由教育或工作獲得的經驗），就愈有自信。分享故事也有幫助：人們若是聽到同事、主管和他人的經驗，就能感同身受，並建立自信。在公司領導人和直屬主管的鼓勵和加強下，員工會開始相信自己的能力（見「成功的員工訓練計畫要素」）。

直接雇用已經擁有所需技能的人，讓整體工作人力

成功的員工訓練計畫要素

持續學習是教育和職涯成長的新典範：員工在整個職涯中只擔任一個工作、只擁有一套固定技能的時代已經過去。成功提升全體工作人力技能的公司，都遵循下面六種做法：

1. 訂定全公司的訓練目標。
2. 設計包含所有職能角色的學習機會。
3. 優先採用虛擬方式提供訓練，使學習可以按需求調整規模，並讓每一個人都能使用。
4. 利用宣傳活動、獎勵和誘因來激發員工的學習動機。
5. 確保主管了解公司提供的學習計畫，好讓他們有效引導和激勵員工。
6. 鼓勵員工參加帶有數位成分的專案和實作的學習機會。

快速進入數位時代，這種做法看似更有效率。但正如大部分公司都知道的，人才爭奪的情況非常激烈：在現有市場中，幾乎不可能雇用到夠多公司所需的數位人才。因此，招募人才還不夠，必須搭配擴大推動提升現有人才的技能。

領導人應該在同儕之間發掘擁有數位心態的影響力人士，請他們帶頭倡導轉型，並爲不願意加入的人樹立榜樣。影響力人士也有助於發掘員工關切的問題，以及提供改善的意見。他們可能了解哪種訊息能引起員工的共鳴。舉辦與數位轉型有關的訓練活動和傳達新目標也很重要。

讓數位系統互相配合

了解員工如何部署數位工具，對組織領導人來說非常重要，如此才能建立科技生態系統，以及能夠培養數位心態，並加快數位轉型的各項流程。

莫德納是數位原生的生技製藥公司，哈佛商學院教授馬可・顏西提（Marco Iansiti）、卡林・拉哈尼（Karim Lakhani）和同事們，找出組成莫德納的三個主要層面。

1. 該公司的基礎層次是能夠廣泛取得數據，而數據是莫德納開發疫苗和其他藥物的價值來源。

2. 仰賴雲端運算。相較於使用公司內部的伺服器，這種解決方案不僅成本更低得多，也更加迅速而敏捷。
3. 建立以AI演算法來執行研發流程的能力，而且執行的正確性和速度都非人力所能及。

正如莫德納的共同創辦人及執行長斯特凡．班塞爾（Stephane Bancel）告訴前述那些學者的，莫德納是一家「剛好從事生物工作的科技公司」。

大型製藥公司向來由一些分散全球、各自爲政的單位來運作，但莫德納擁有一個完全整合的結構，數據在公司內部自由流動，可讓不同團隊即時地共同合作。該公司科技營運品質長胡安．安德列斯（Juan Andres）指出：「比起擁有精密的數位工具或演算法，更重要的是整合公司內所有的層級。重要的是用科技把所有事物整合起來，而不是科技本身。」

2020年1月，莫德納面對爲新冠病毒開發疫苗的急迫任務之時，之所以能加速推動開發流程，正因爲所有層級的整合已經完成。在那之前五年，班塞爾就聘請馬塞洛·達米亞尼（Marcello Damiani）負責監督數位和營運的卓越表現，班塞爾也小心地避免把這兩種角色分割開來。達米亞尼解釋：「關鍵在於，讓馬塞洛能夠妥善設計這些流程。只有完成那些流程，推動數位化才有道理。如果你有差勁的類比流程，就會獲得差勁的數位流程。」完全整合的系統和流程，讓莫德納的員工能利用原有的數位解決方案，來開發新疫苗，並在內部建立其他許多解決方案，例如從頭設計演算法或調整既有的演算法，以進行更深入和更專業的分析。新冠疫情爆發僅僅幾個月之後，莫德納就開發出大約20種用於開發疫苗和其他藥物的演算法，並繼續開發其他許多演算法。

聯合利華這家消費產品巨擘，也調整散布於全球的龐大業務，以順應數位時代。對這家在全球190國，銷售逾400種品牌的家庭用品製造商和零售商來說，必須在地方市場特性和全球營運的廣大規模之間保持微妙的平衡，才能取得成功。解決之道在於擁有敏捷團隊，既能針對各個當地市場來客製化自家的產品，同時也運用公司的數位能力協調跨越多國的各項工朝向一致方向進行。在聯合利華服務30年的數位轉型執行副總裁拉烏・魏爾德（Rahul Welde）設計一個敏捷團隊結構，讓成員保持分散在全球各地的運作模式，同時策略性地使用數據，爲快速改變的地方市場，量身制定各項方案。

在魏爾德的領導下，聯合利華成立300組敏捷團隊，每組10名成員，這些團隊以遠距的方式，在全球各地運作，而且能夠大規模地運作。魏爾德指出，這個策略包含三部分。第一是使用賦予員工能力的科技和工具，藉以減少全球和地方之間的分歧。利用數位平台，品牌就能以更爲遠大的規模，與地方市場裡的顧客直接交流。第二是重新設計既有的流程，以順應新的科技和工具。第三是確保工作人員能夠取用科技，並擁有使用那些科技的技能和動機。

由誰選擇數位工具？

經理人和企業領導人必須密切參與數位工具的選擇和實施。要做到這點，他們必須了解現在的IT部門能做什麼，以及不能做什麼。在過去，科技團隊向來能勝任在整個企業大規模地運行軟體的工作，並確保維繫公司運作的軟體受到妥善的維護，發揮應有的效能。實施公司選定的工具或企業資源規畫（ERP）系統，仍然是IT部門的重要功能。但是，現在公司用以推動數位轉型的科技，大部分是在雲端運作（也就是SaaS，亦即軟體即服務）。團隊可以不知會IT部門，就直接購買軟體授權，然後下載軟體和自行啓用。

資訊科技人員習慣管理支持公司運作的應用軟體，但最適合由商業端的領導人負責定義新的角色，和新的常規做法，並有效地重新塑造組織文化和目標。他們一開始應該先找出各單位有哪些活動，能最有效地推動更大的組織目標，因爲這能提供相關資訊做參考，以協助公司選擇數位工具，以及決定轉型方向。隨著科技驅動的流程改變而產生新的角色和責任，組織內會出現新的協同合作網絡。這些關係網絡是組織眞正的正向驅動力量。

公司必須持續收集數據以監測轉型的行動，並評估員工行爲究竟是在協助，還是妨礙我們所謂的「工作數位化流程」（work digitization process）。領導人應研究資訊在組織內如何流動，並消除可能妨礙員工採用新流程的制度障礙。

使改變成為常數

根據變革管理的理論，組織會從目前的狀態轉移到過度狀態，然後邁向未來狀態。過度狀態通常被認爲是一段固定的時期，在這段期間，組織從熟悉的結構、流程和文化常規，轉移到新的結構、流程和文化常規。在過渡期，大家難免會有強烈的情緒，因爲他們必須理解新的觀點和行事方式。在這種暫時的混亂困惑狀態當中，成功從組織的過去轉向未來，就是每一個人的任務。

但是，在由數位科技驅動的世界裡，過渡期並沒有終點：數位工具不斷快速改變，使用它們所需的知識和技能也是如此。組織結構必須不斷調整，以善用新的數據見解，領導人也必須持續努力，讓員工隨著組織演變發展。

重新思考變革，把變革當成持續不斷的過度過程，而非處於不同狀態之間的一種活動，這麼做幫助蒂埃里・布雷頓領導源訊成功進行數位轉型。資訊科技公司進行本身的數位轉型竟然需要協助，這可能令人感到意外，但也正好強調我們認爲的觀點：培養數位心態非常重要。只因員工嫻熟使用某種科技，並不表示他們已經準備好做出調整，順應下一種科技。領導人必須把數位變革視爲一種持續過度的狀態，需要每一個人接受持續變動的發展，以及永遠處於不穩定的狀況。

數位轉型是一種手段

數位科技及其對組織結構、工作角色、員工能力和顧客需求的影響，一直不斷在改變。領導人的任務不只是調整行動以應付變化，也必須持續保持這種順應能力。數位轉型不是一個要努力達到的目標，而是達到本身各種獨特目標所採取的手段。有了數位心態，組織所有的員工都能做好準備，去掌握當前變化萬千的世界所帶來的機會。

（黃秀媛譯，轉載自2022年5月《哈佛商業評論》）

保羅．雷奧那帝

美國加州大學聖塔芭芭拉校區（UC Santa Barbara）科技管理講座教授，他也提供顧問諮詢服務，指導企業如何使用社群媒體數據與新科技，來改善績效和員工福祉。與采黛爾．尼利合著最新著作《數位心態：如何在數據、演算法和人工智慧時代繁榮發展》（*The Digital Mindset: What It Really Takes to Thrive in the Age of Data, Algorithms, and AI, HBR Press*, 2022）。

采黛爾．尼利

哈佛商學院企業管理副教授，〈企業必備語言策略〉（What's Your Language Strategy，《哈佛商業評論》2014年9月號，全球繁體中文版同步刊出）一文共同作者。研究工作聚焦在全球團隊合作的挑戰，特別是採用共同語言上，推特帳號@tsedal。與保羅．雷奧那帝合著最新著作《數位心態：如何在數據、演算法和人工智慧時代繁榮發展》。

—— 第五章 ——

「影子學習法」讓組織學習邁開大步！與智慧型機器聰明共事

Learning to Work with Intelligent Machines

麥特．比恩 Matt Beane

現在是早上6點半，克麗絲汀推著攝護腺病患進入手術室。她是資深的住院醫師，也就是訓練中的外科醫師。今天她希望能親手參與手術中一些比較細膩的流程，動手做保留神經的切除手術。主治醫師就站在她的旁邊，他們的四隻手大多時候都放在病人身上，在主治醫師的仔細監督下，由克麗絲汀負責開刀。手術進行得很順利，主治醫師放手由克麗絲汀完成手術，那時是8點15分。一位資淺的住院醫師在一旁觀看她怎麼做，她讓那位住院醫師爲病人做最後的縫合。這時克麗絲汀感覺好極了：病人將會康復，而她現在的外科醫術比6點半的時候更好。

現在把鏡頭快轉到六個月後。又是早上6點半，克麗絲汀推著另一個攝護腺病人進入手術室，但這次是機器人做手術。主治醫師設定一個重達一千磅的機器人，將機器人的四支手臂伸到病人身上。設定完成後，他和克麗絲汀走到15英尺外的控制台就定位。他們背對著病人，克麗絲汀在一旁看著主治醫師遙控機器人的手臂，小心翼翼地找出組織並加以切除。主治醫師使用機器人，就可以自己完成整台手術，所以他幾乎自己包辦整台手術。他知道克麗絲汀需要練習，

本文觀念精粹

問題

智慧型機器和分析法急速應用在工作的許多方面，意味著實習生正在失去通過在職培訓（OJL）獲得技能的機會。

結果

在醫學、警察和其他領域，人們正尋找在不受注目的情況下獲得所需專業知識的非常規方法。這種「影子學習法」因其所產生的結果而被容忍，但它可能會對個人和組織造成損失。

解決方案

爲了應對這個問題，組織應仔細挖掘並研究影子學習法；調整實踐，發展可增強在職培訓的組織、技術和工作設計；並使智慧型機器成爲解決方案的一部分。

但他也知道讓她動手的話，速度會變慢，可能會有更多失誤。所以在長達四小時的手術中，克麗絲汀若能親自操作15分鐘以上就很幸運了。她也知道，萬一她失誤了，主治醫師會輕輕碰一下觸控式螢幕，拿回操控權，並公開要求她在一旁觀看就好。

外科手術可能是很極端的工作，但是直到不久前，外科醫師學習本身專業的方式，一直都跟大多數人在職場上的學習一樣。我們看著專家怎麼做，先參與比較簡單的任務，然後逐漸進展到比較困難的任務，通常是在前輩的密切監督下完成風險較高的工作，直到我們自己也成為專家為止。這個過程有很多種說法：學徒制、導師制（mentorship）、在職學習（OJL）等。在外科手術中，這稱為「看一例，做一例，教一例」（See one, do one, teach one）。

在職學習雖然重要，但企業往往把在職學習視為理所當然，幾乎從未正式提供經費或管理這類活動。據估計，2018年全球企業在正規訓練上投入約3,660億美元，但這些資金很少直接用於在職學習。而且數十年的研究顯示，儘管雇主提供的訓練很重要，但可靠地完成一項任務所需要的多數技能，只能靠邊做邊學。多數組織非常依賴在職學習：2011年，埃森哲顧問公司（Accenture）的一項調查顯示，在那之前五年內，僅五分之一的員工透過正規訓練，學會新的工作技能。

如今在職學習受到威脅。輕率地把複雜的分析法、人工智慧、機器人技術導入工作的許多面向，徹底顛覆在職學習這種存在已久的有效方法。隨著這些技術把工作自動化，每年將有數萬人失業或得到工作，而有數億人將會需要學習新的技能和工作方式。然而，廣泛的證據顯示，公司部署智慧型機器時，常阻礙「在職學習」這個重要的學習途徑：我和同事發現，公司改用機器時，剝奪受訓人員的學習機會，使專家不再需要積極參與行動，也導致受訓人員和專家負擔過重，因爲他們必須同時熟悉新舊做法。

那麼，員工該如何學習與這些機器共事呢？我們從觀察一些學習者而看出一些端倪。那些學習者私下偷偷打破常規，想辦法投入學習活動，而由於學習成效不錯，組織也包容那些做法。我稱這種普遍投入的非正式流程爲「影子學習法」（shadow learning）。

四大學習障礙

我在美國18所頂尖的教學醫院，觀察外科醫師和外科住院醫師兩年，那段期間我發現這種「影子學習法」。我研究兩個情境中的學習和訓練：傳統（開放式）手術和機器人手術。我針對機器人手術為資深外科醫師、住院醫師、護理師、刷手護理師所帶來的挑戰（刷手護理師的職責是為病人做好手術準備，幫醫師戴上手套及穿上手術袍、遞送器材等等）；我收集相關的數據，特別把焦點放在少數幾位找到打破常規的學習方法的住院醫師身上。雖然這項研究是鎖定外科手術，但我更大的目的是想找出與智慧型機器共事的多種工作中，所出現的學習和訓練動態。

為此，我聯繫一小群人數持續增加的實地研究人員，他們在研究一些環境當中工作的人如何與智慧型機器共事，這些環境包括網路新創公司、警政機構、投資銀行、線上教育等。他們的研究揭露的動態，和我在外科手術訓練中觀察到的動態很像。我從他們不同的研究方向中，找出學習必要技能時普遍遇到的四種障礙。這些障礙促成影子學習法出現。

1.受訓者被剝奪「學習優勢」

在任何工作領域，訓練都會產生成本、降低品質，因爲新手的動作較慢，而且會犯錯。爲了克服這些問題，組織導入智慧型機器時，常會避免受訓人員參與工作中高風險且複雜的部分，克麗絲汀的例子就是如此。於是，新手不再有機會接觸那些挑戰能力極限的情境，也沒有機會在有限的協助下，從失誤中振作起來，但這正是學習新技能的必要條件。

同樣的現象也出現在投資銀行業。紐約大學（New York University）的卡倫．安東尼（Callen Anthony）發現，資深合夥人在詮釋併購案當中由演算法協助產生的公司評價時，資淺分析師愈來愈沒有機會接觸到資深合夥人。那些資淺分析師的任務只剩下使用一些可上網搜尋目標公司財務資料的系統，從系統中提取原始報告，交給資深合夥人進行分析。這種分工背後的理由是什麼？首先，避免資淺人員進行攸關顧客的複雜工作時，可能犯錯的風險。第二，盡可能提升資深合夥人的效率：他們愈不需要向基層人員解釋工作，就愈能專注進行更高階的分析。這樣做在短期內可以提高效率，卻導致資淺分析師無法接觸有挑戰性的複雜工作，使他們更難學習整個評價流程，也削弱公司未來的能力。

2. 專家遠離工作

有時候，智慧型機器會介入受訓人員和工作之間；有時這些機器部署的方式，會阻止專家親手去做重要的工作。在機器人手術中，外科醫師在手術過程中大多看不到病人的身體或機器人，所以無法直接評估及管理關鍵的部分。例如，在傳統手術中，外科醫師可以敏銳地察覺到各種裝置和儀器壓迫到病人的身體，於是做出調整；但在機器人手術中，萬一機器人的手臂撞到病人的頭，或是刷手護理師正要更換機器人的器材，醫師不會知道，除非有人告訴他。這對學習有兩項含意：外科醫師無法獨力練習必要的技能，以便完整理解整個工作任務；他們必須透過他人，來建立與理解工作任務有關的新技能。

目前在賓州大學（University of Pennsylvania）任教的班傑明·謝斯塔科夫斯基（Benjamin Shestakofsky）指出，一家股票上市前的新創公司也出現類似的現象。該公司利用機器學習媒合勞工與就業機會，並提供一個平台，讓勞工和雇主可協商就業條件。起初，那些演算法的媒合不太理想，所以舊金山的主管雇用菲律賓人來做人工媒合。勞工在平台上遇到困難時（例如對求才的雇主開價或設定付款方式的時候），這家新創公司的主管又把這些必要支援工作，外包給另一群分散在拉斯維加斯不同地點的員工。由於公司的資源有限，主管只能隨便找人解決這些問題，以便爭取時間，想辦法尋求資金和更多工程師，來改善這項產品。把這些問題委託出去，讓主管和工程師可以專注於業務開發及編寫程式，但也剝奪他們重要的學習機會：這使他們無法經常接觸到顧客（勞工及雇主）的意見，不知道顧客面臨的問題，以及想要什麼功能。

3. 學習者必須同時熟悉新方法與舊方法

機器人手術和傳統手術的目的相同，但使用的技巧和技術全然不同。機器人手術可望達到更高的精確度並兼顧人體工學，這種手術直接被納入課程當中，住院醫師必須同時學習傳統的開放式手術和新的機器人手術。但課程並沒有安排足夠的時間，讓住院醫師徹底學習這兩種手術，這往往導致最壞的結果：兩種都學不精。我稱這種問題爲「方法超載」（methodological overload）。

加州大學柏克萊校區（UC Berkeley）的夏里哈許・凱爾卡（Shreeharsh Kelkar）發現，許多教授使用新技術平台edX，來設計大規模開放線上課堂（又稱磨課師，MOOCs），結果也遇到類似的情況。edX針對學生和平台的互動（包括點擊數、留言、影片暫停播放次數等）做細膩的演算法分析，然後根據這些分析，提供教授一套課程設計工具和教學建議。想要設計及改進線上課程的教授必須學習大量的新技能（例如，如何在edX的使用介面上操作自如，詮釋有關學習者行爲的分析、組成及管理課程的專案團隊等），同時還要精進「老派」教學技能，以便在傳統的課堂上授課。每個人都很難應付這種壓力，尤其新方法不斷推陳出新：幾乎天天都會出現新的工具、指標和期望，教師必須迅速評估及掌握這些新事物。只有本來就很熟悉技術，又有大量組織資源的人，才能夠妥善兼顧新舊方法。

4. 一般認為，標準學習法是有效的

數十年的研究和傳統，要求醫學院的學生「看一

例，做一例，教一例」，但我們已經看到，這套方法不太適合機器人手術。儘管如此，要求人們採用已證實有效的方法，壓力是如此巨大，所以很少人敢偏離正規做法。外科訓練研究、標準慣例、政策、資深外科醫師，全都繼續強調傳統的學習法，儘管這種方法顯然需要爲機器人手術而更新。

德州大學（University of Texas）的莎拉·布萊恩（Sarah Brayne）發現，洛杉磯警方試圖把傳統的巡察方法應用在演算法產生的巡邏任務指派時，他們的學習方法和需求之間也出現類似的不適配狀況。儘管這種「預測性巡察」的成效還不明確，道德上也有爭議，但已經有數十支警力愈來愈依賴這種方式。洛杉磯警局的PredPol系統把洛杉磯每五百平方英尺分成一區，算出每一區的犯罪機率，然後按照機率來指派員警去各區巡察。布萊恩發現，員警和警察局長不見得知道員警何時該依循人工智慧指派的任務，也不知道該如何執行那些任務。在巡察方面，傳統上大家覺得可靠的新技巧學習模式，向來都是結合一點正規教學，配合大量老派的現場學習。許多警察局長因此認爲，員警主要是從實際工作中學習如何納入犯罪預測。這種對傳統在職學習的依賴，導致他們對這種新工具及它的指引感到混淆，也產生抗拒。警察局長不想告訴員警，到指派的巡察區域該做什麼，因爲他們想讓員警依靠經驗知識和自行判斷。局長也不希望公然縮減員警的自主權，造成事必躬親的印象，因此激怒員警。但他們依賴傳統的在職學習方法，這在無意間破壞了學習：許多員警始終不知道該如何使用PredPol，也不知道這套系統的好處，所以覺得這套系統一無是處，但他們還是被要求負責執行系統指派的任務。這不僅浪費時間，減少信任，也導致錯誤的溝通及數據登錄錯誤，所有這些都破壞巡察的效果。

影子學習法五大技巧

面對這些障礙，採取影子學習法的「偷學者」只好偷偷地打破常規，以獲得所需的指導和經驗。這種做法並不令人意外。近一百年前，社會學家羅伯·默頓（Robert Merton）就指出，如果正統手法不再能夠達成重要的目標，就會出現偏離的做法。專業知識的累積也不例外（獲得專業知識或許正是終極的職業目標）。由於前述的障礙，應該會有人想要以偏離做法學習關鍵技能。他們的方法往往充滿巧思，也很有效，但可能會對個人和組織造成傷害。偷學者可能遭到懲罰（例如失去執業的機會和身分），或造成浪費、甚至傷害。儘管如此，一再有人冒這種風險，因爲在大家認可的方法成效不彰之處，他們的學習方法有效。不加思索就直接仿效這些偏離做法，幾乎都是不可取的，但組織確實應該向這些做法學習。

以下是我和其他人觀察到的偷學技巧。

1. 尋求挑戰

前面提過，剛接觸機器人手術的受訓人員通常沒什麼機會實作。偷學者解決這個問題的方法，是尋找機會在有限的監督下，挑戰本身能力極限的手術。他們知道有挑戰，才有學習的效果，而許多主治醫師不太可能放手讓他們做。我研究的住院醫師中，有一小群醫師後來確實變成專家，他們想辦法獲得操作機器人的時間。其中一個方法，是找本身不熟悉操作機器人的主治醫師合作。泌尿科可說是對機器人手術最有經驗的專科，泌尿科的住院醫師會輪調到其他專科，那些專科的主治醫師可能不是那麼熟悉機器人手術，於是這些住院醫師就能善用自身在機器人手術方面的光環效應（雖然他們接受的訓練其實很有限）。這些主治醫師比較無法察覺機器人手術上的品質偏差，他們也知道泌尿科的住院醫師接受過這方面眞正專家的訓練，因此比較願意放手讓泌尿科的住院醫師動手術，甚至還會徵詢他們的意見。不過，很少人會說這是理想的學習方法。

那無法參與複雜評價流程的資淺分析師怎麼做？團隊裡的資淺成員與資深成員一起工作，而不顧公司新出現的標準做法。資淺分析師持續從系統取得原始報告，以產生必要的輸入數據，但他們跟著資深合夥人一起做後續的分析。

從某些方面來看，這聽起來像冒險的商業舉動。的確，這樣做會拖慢流程，而且這需要資淺分析師以極快速度處理更多種評價方法和計算，因此容易產生難以察覺的錯誤。但這些資淺分析師更深入了解併購案中的多家公司和其他利害關係人，也更了解相關的產業，並學會如何管理整個評價流程。他們不再只是系統裡的小螺絲釘，不懂整個系統在做什麼，而是參與一些可讓他們爲將來擔任更資深職位做好準備的工作。另一個好處是，他們發現，那些用來擷取數據以便分析的套裝軟體並非可以互換，不同的軟體對同一家公司的評價可能差距高達數十億美元。如果資淺分析師持續被隔絕在後續的分析之外，這個問題可能永遠不會暴露出來。

2. 向第一線取經

前面提過，操作手術機器人的外科醫師與病人隔絕，因此對所做的工作缺乏整體感，這導致住院醫師更難學到所需的技能。爲了解全局，住院醫師有時會去請教刷手護理師，因爲他們可以看到整個手術過程，包括看到：病患的全身；機器人手臂的位置和動作；麻醉師、護理師、病患周遭其他人的活動；手術全程使用的所有工具和備材。最優秀的刷手護理師在數千次手術流程中，都非常關注一切細節。所以，住院醫師從控制台轉移到手術台時，有些人會跳過主治醫師，直接向這些優秀的刷手護理師提出一些技術問題，例如腹內壓力是否異常，或何時清除淤積的液體或燒灼產生的煙霧。他們不顧常規這樣做，而且主治醫師往往毫不知情。

至於把工作外包給菲律賓和拉斯維加斯勞工的新創公司主管呢？他們必須很專注在募資及雇用工程師，但有少數主管會花時間接觸第一線的約聘人員，以了解他們如何與爲何做那些媒合工作。這麼做讓他們得到一些見解，可協助公司改善獲取及清理數據的流程，這是打造穩定平台的關鍵步驟。同樣的，一些細心的主管也會花時間和拉斯維加斯的客服人員相處，看他們如何協助勞工使用那個平台的系統。這種「貼近」第一線人員的做法，使主管把部分資源轉用來改善使用者介面，讓這家新創公司在持續得到新用戶，以及招募工程師來打造穩健的機器學習系統時，幫忙維持公司的運作。

3. 重新設計角色

我們爲了部署智慧型機器而創造出來的新工作方法，促成多種影子學習技巧，而這些技巧重新調整工作架構，或改變績效的衡量及獎勵方式。外科住院醫師可能很早就決定，以後不做機器人手術，因此會刻意減少輪調到機器人手術領域的時間。我研究案例中的一些護理師，比較喜歡處理機器人手術中的技術障礙排除，所以會偷偷逃避傳統的開放式手術。負責安排手術人手的護理師注意到逐漸出現這樣的偏好和技能，會刻意避免無差別的排班政策，以配合這些偏好。大家默認及發展與工作更適配的新角色，不管組織是否正式這樣做。

試想，針對難以把預測分析整合到工作中的巡警，警察局長要如何改變他們的期望。布萊恩注意到，許多被指派去巡察PredPol指定區域的員警，在傳統的衡量指標上表現欠佳，例如逮捕人數、開出的罰單數、盤查卡數量（盤查卡是警員接觸市民的紀錄，通常是指接觸可疑人士）。在由人工智慧協助的警務活動中，盤查卡特別重要，因爲即使最後沒有逮捕那些人，盤查卡也爲預測系統提供重要的輸入數據。員警前往系統指定的地區時，通常不會逮捕任何人或開罰單，也不會寫盤查卡。

少數幾位警察局長注意到，這些傳統的衡量指標導致員警不願依循PredPol的指示，於是這些局長刻意迴避標準做法，在公開和私下表揚學習接納演算法分配任務的員警，而不是因爲他們逮捕人或開罰單而給予讚揚。一位警察局長表示：「很好，沒關係，但我們告訴你，那一區的犯罪機率是多少，所以，你就去那裡巡察。如果空手而回（沒有犯罪），那就表示成功了。」這些警察局長冒險鼓勵員警這樣做，而許多人覺得這樣做並未做好維護治安的工作，但他們這樣做有助於轉變執法文化，讓員警更常與智慧型機器合作，無論警方以後是否仍持續使用PredPol系統。

4. 收集整理解決方案

接受機器人手術訓練的住院醫師，偶爾會從正式的職責中抽出時間，以便創造、標注並分享專家手術流程的詳細紀錄。製作這些紀錄除了爲自己及他人提供資源以外，也協助自己學習，因爲他們必須爲手術階段、技巧、失敗類型、對意外的反應等進行分類。

難以兼顧老派教學技巧及製作線上課程的教師，使用類似的技巧來熟悉這項新技術。edX提供工具、範本、訓練材料，好讓教師更容易上手，但這樣還不夠。尤其在剛開始的時候，一些在偏遠地區資源匱乏院校任職的教師，會花時間實驗如何運用這個平台，並把成功和失敗的做法都寫成筆記及錄製影片，然後在網路上和大家非正式地分享。建立這些連結很難，尤其如果那些教師任職的學院，原本就對於把教學內容和教學方法放上網路這件事，抱著好惡參半的矛盾態度。

另一種類型的影子學習法，是發生在edX的原始用戶當中，他們是在知名學府任教的教授，享有豐富的經費和支援，他們在這個平台的開發初期就曾提供初步建議。爲了從edX獲得他們需要的支援和資源，他們偷偷地分享一些技巧，包括如何推銷他們想要看到平台的改變、如何取得經費和人員支援等。

5. 向偷學者學習

顯然，影子學習法不是解決問題的理想方法。任何人都不該爲了熟練執行一份工作，而冒著遭到解雇的風險。但是在這個專業知識變得愈來愈困難和重要的世界裡，這些做法都是得來不易、已驗證可行的方式。

影子學習者在偷偷學習時展現出四類行為：尋求挑戰、向第一線取經、重新設計角色、收集整理解決方案，這些做法為我們指引出應對做法的方向。為了善用偷學者的心得，技術人員、主管、專家和勞工本身都應該：

- 確保學習者有機會在眞實（而非模擬）的工作中，挑戰自己能力的極限，碰到困難，好讓他們可以犯錯，並從錯誤中振作起來。
- 建立清楚的管道，讓最優秀的第一線員工來擔任導師和教練。
- 重新設計角色和激勵誘因，協助學習者熟練運用與智慧型機器共事的新方法。
- 打造可搜尋、注解、群眾外包的「技能庫」，裡面包含工具和專家指引，讓學習者可以在必要時運用，並貢獻心得。

這些活動的具體方法，取決於組織結構、文化、資源、技術選擇、現有技能，當然也取決於工作本身的性質。沒有一種最佳實務適用於所有的情況。但如今有大量的管理文獻在探究上述的每個面向，而且外部諮詢服務也很容易取得。

三種組織策略

更廣泛來看，我的研究和同事的研究建議三種組織策略，或許有助於組織善用影子學習法的心得：

1. 持續學習

隨著智慧型技術變得愈來愈強大，影子學習法也迅速演變。隨著時間推移，會持續出現新的影子學習法，提供新的心得教訓。採用謹慎的做法非常重要。偷學者通常都知道他們的做法偏離正規做法，也知道自己可能因爲這麼做而遭到懲罰（試想，外科住院醫師如果讓大家知道他刻意找技術最差的主治醫師共事，情況會如何）。中階主管往往對這些影子學習法視若無睹，因爲這些方法確實有效，只要不公開承認就好。所以當旁觀的人（尤其是資深主管）宣布，想要研究員工如何打破常規以培養技能時，學習者和他們的主管可能不會直言不諱地分享自己的學習法。一種不錯的解決方法，是引進一個中立的第三方，以確保大家保持匿名，並比較不同個案的實務做法。提供資訊給我的人都了解及信任我，他們知道我在許多工作群組和設施中，觀察工作是如何進行的，所以他們相信自己的身分會受到保護。這是讓他們坦誠與我分享資訊的關鍵。

2. 調整你發現的影子學習法，用以設計組織、工作和技術

組織處理智慧型機器的方式，讓單一專家更容易控制工作，以減少他們對受訓人員提供協助的依賴。機器人手術系統讓資深外科醫師可在較少的協助下進行手術，於是他們就這麼做了。投資銀行的系統，讓資深合夥人排除資淺分析師參與複雜的公司評價工作，於是他們就這麼做了。所有的利害關係人都應該堅持主張，組織、技術、工作這三者的設計，必須要能提高生產力及促進在職學習。例如，在洛杉磯警局，這

表示他們不能只是改變為巡警設計的獎勵誘因，更要重新設計PredPol系統的使用者介面、創造一些銜接員警和軟體工程師的新角色，建立一個由員警收集整理的數據庫（裡面收錄已加上注解的最佳實務案例）。

3. 把智慧型機器變成解決方案的一部分

人工智慧可以在學習者遇到困難時，為他們提供指導，也可以教專家如何指導後輩，並以聰明的方式連結專家和學習者。例如，金主鎬（Juho Kim）在麻省理工學院（MIT）攻讀博士學位時，設計出ToolScape和Lecture-Scape，用群眾外包的方式讓大家為教學影片做注解，並為許多以前停下來尋找解答的用戶，提供澄清及實作的機會，他稱為「向學習者取經」（learnersourcing）。在硬體方面，擴增實境系統開始把專家的指導和注解，納入工作流程中。目前的應用程式使用平板電腦或智慧型眼鏡，把指示即時地插入工作流程中。更精密的智慧型系統可望迅速問世，例如，這些系統可以把工廠中最佳焊工的做法記錄下來，顯示在學徒的視野中，呈現出專家是怎麼做的，並錄下學徒試圖模仿的樣子，必要時也讓學徒向專家請教。這些領域中，愈來愈多工程師主要把焦點放在正式訓練上，而更大的危機在於在職學習。我們必須把心力轉向在職學習。

影子學習法是未來最佳實務？

幾千年來，科技的進步驅動工作流程的重新設計，學徒向導師學習必要的新技能。但我們已經看到，智慧型機器促使我們把新手和專家隔開，也讓專家遠離了工作，這一切都是打著提高生產力的名義。組織常在無意間爲了追求生產力而忽略審慎的人力投入，因此在職學習變得愈來愈難。然而，使用影子學習法的偷學者，依然冒險突破常規以便學習。在智慧型機器日益強大的世界裡，想要加入競爭的組織應該密切注意這些「偏離常軌」的偷學者。當專家、學徒、智慧型機器一起工作與學習的時候，偷學者的行動提供一些見解，顯示未來的最佳工作是如何執行的。

(洪慧芳譯，轉載自2019年10月《哈佛商業評論》)

麥特・比恩

美國加州大學聖塔巴巴拉校區(University of California, Santa Barbara)科技管理學助理教授，也是麻省理工學院數位經濟計畫(Initiative on the Digital Economy)的研究成員。

—— 第六章 ——

擴大應用AI轉型力：與其一次性求變，不如抓重點先行

Getting AI to Scale

塔米姆・薩利赫 Tamim Saleh
提姆・馮坦 Tim Fountain
布萊恩・麥卡錫 Brian McCarthy

大多數執行長都已經發覺，人工智慧具備徹底改變組織工作方式的潛力。他們可以設想一個未來，例如，零售商甚至能在顧客提出要求之前，就先提供客製化產品給顧客……也許就在產品生產當天運送過去。這種情節聽起來可能像是科幻小說，但是實現這一切的人工智慧可能已經存在。

阻礙那種未來發展的原因，是企業還沒有想出應該如何改變自己來適應那樣的未來。持平來說，大多數企業都在努力採納數位科技，而且在某些案例中，也確實改變了他們服務顧客和製造產品的方式。

然而，要想掌握人工智慧所有潛力，企業必須重新想像自己的商業模式和工作方式，而不只是把人工智慧插入既有流程，讓流程自動化或添加見解。雖然可以在各個職能中部分採用人工智慧，產生一系列特定的應用（就是所謂的「使用案例」），但這種方法不會促成企業營運或獲利上的變化。這也使得企業在未來企圖擴大人工智慧的規模時變得更困難、成本也更高，因爲四散各處的每個團隊，都必須浪費大量時間和精力去處理很多事務，包括爭取利害關係人的支持、培訓、變革管理、數據、技術等。

—— 本文觀念精粹 ——

問題

大多數企業都沒有做好充分發揮人工智慧潛力的準備，因爲他們聚焦在把人工智慧應用在特定的使用案例中，這只能帶來漸進式的變化，而且需要付出更多努力，才能擴大規模。

解決方案

如果組織重新構想一個從頭到尾由人工智慧促成的核心業務流程、歷程或職能，就會獲得最大的成功。這種做法讓所有人工智慧的行動都能建立在前一項行動的基礎之上，進而觸發變革的有機循環。

如何讓它發生

領導人必須讓自家組織找出人工智慧可發揮重要作用的業務領域，並針對其中一、兩個領域全面改革。做法包括部署新技術、重新設計營運流程、改變人們的合作方式，甚至是從根本上重新思考商業模式。

但這不意味企業應該一次全面導入人工智慧來改造整個組織。那幾乎一定會以失敗告終。徹底改造是極爲複雜的過程，涉及太多不斷變動的因素、利害關係人和專案，以致於無法快速創造有意義的影響。

我們發現，正確的方法是找出業務的關鍵部分，並且澈底重新思考這個部分。在整個核心流程、歷程或職能（我們稱爲「領域」）中，導入一些改變，能夠讓績效顯著改善，這是那些各自爲政的局部應用無法做到的程度。它也會讓每個人工智慧行動方案，都能在前一個方案的基礎上繼續發展，例如，重複使用數據，或是針對同一組利害關係人提升能力。我們已經觀察到，這種方法可引發一些領域內變革的有機循環，最終在整個更大的組織內，爲運用人工智慧創造動能，因爲企業領導人和員工發現，這麼做是有用的。此外，這種方法會促進員工持續改善的心態，這點非常重要，因爲人工智慧技術正在快速進步，組織必須把人工智慧轉型視爲持續的行動，而不是一次性的工作。

不能充分利用人工智慧的企業，最終將被那些辦得到的企業淘汰，我們已在數個產業中目睹這樣的情況，像是汽車製造業和金融服務業。好消息是，在過去一年有很多企業（甚至是分析能力有限的公司）已經開始為掌握人工智慧機會而培養必備的技能，因為新冠疫情危機迫使許多企業幾乎必須在一夜之間改變營運方式。現在的挑戰是應用這些技能，來啓動規模更大的行動方案。

在接下來的內容中，我們將根據與數百位客戶的合作，包括世界上最大的一些組織合作的經驗，說明企業若要擴大人工智慧規模，需要做些什麼事。

步驟一：制定策略

要設定恰到好處的人工智慧行動方案範圍，可能很有挑戰性。我們建議執行長把目標放在人工智慧能在一段合理的時間內帶來重大變化的領域；這是相對容易的做法，可用來找到贊助者、取得利害關係人支持與組建團隊；而且有多個相互關聯的活動和機會，都能重複使用數據和技術資產。（想知道自己設定行動方案的範圍是否正確，見表6.1「思考人工智慧時，你是想得太寬？還是太窄？」）

表6.1 思考人工智慧時，你是想得太寬？還是太窄？

太寬	太窄
公司設定要在某個領域中進行的工作，無法分成三、四波工作，在12到15個月內完成。	你正在解決一個利基型的挑戰，卻沒有觸及問題根源，或是沒有考慮到相關流程。
有超過12個目標各不相同的領導人，他們都有權說下一步應該做什麼，但並沒有指派明確的業務負責人，為這個專案負起責任。	目標領域的業務領導人，不覺得自己對這個專案負有責任，因為專案不會產生影響，而你也沒有讓特定價值鏈的所有領導人都參與其中。
你必須重新設計公司的整個數據和技術架構，才有可能得到任何一點價值。	你創造的解決方案，沒有與其他上、下游流程整合。

潛在影響

應該選擇夠大的領域，才能大幅改善公司的獲利，或是顧客或員工的體驗。我們擔任顧問的一家航空公司，找出自己有十個業務領域符合這個描述：貨運、機組人員、營收管理、電子商務、顧客服務、機場、維修、航線規畫、營運和人才。但該公司選擇從貨運開始進行，從中找出一個人工智慧行動方案的組合，可以在18週左右完成。第一項方案可望創造約3,000萬美元的額外獲利，因爲能更準確預測貨物的體積和重量，並提升貨運容量的使用。

在另一個案例中，一家電信業者選擇重新設計顧客價値管理流程（涵蓋企業與顧客互動的所有方式），使用人工智慧來了解和處理每個顧客的獨特需求。這項工作迅速把實施行銷活動所需的時間，縮短75%，並讓公司的顧客流失率降低三個百分點。公司預估，到2021年底，這些改善將讓整體獲利增加7,000萬美元。

相互關聯的活動

前景看好的領域，包含一套明確的業務活動，如果重新調校這些活動，可以解決系統性的問題，例如長期效率低下（像是冗長的貸款審核時間）、高變異性（迅速波動的消費者需求），以及經常錯失機會（難以提供產品給顧客）。在很多情況下，人工智慧解決方案可以處理造成這些問題的根本原因，部分是透過提供見解，部分是透過組織改善來解決。

上述的航空公司，找出六個彼此密切交織的貨運活動：議價、分配貨位空間、預訂、記錄出貨、管理地面作業和交付貨物、計費。顧客滿意度和價格取決於一些因素，像是短期內可用的空間、即時追蹤貨運的能力、交貨速度。該公司重新配置這六個活動，以便把數據輸入到以人工智慧支援的平台，如此就能顯著減少系統性浪費，同時大幅改善顧客體驗，因而提高公司的獲利和聲譽。

贊助者和團隊

在一個前景看好的領域中，很容易就能找到以下幾種人才：

- 內部業務負責人，負責整個價值鏈（在航空公司，是貨運副總裁）。
- 專門的資深業務人員（在航空公司中，這包括貨運資深總監和他的兩個直屬部屬），他們可以擔任「產品負責人」（負責交付解決方案）、翻譯（連結分析領域和業務領域），以及變革領導人（負責變革管理工作）。

- 由人工智慧從業人員組成的團隊，像是數據科學和工程專家、設計師、商業分析師和敏捷專家（這些從業人員也可能延攬自組織的中央團隊）。
- 一組負責日常活動的第一線使用者或知識工作者（在航空公司，這包括遍布美洲、亞太地區和歐洲的250個銷售和預訂服務專員）。

從整個領域的生命週期中挑選員工（無論他們以前在組織中處於什麼位置），讓他們對這項工作負責，如此可培養員工對這項行動方案的投入，並創造積極感和動力。這些因素很重要，有助於員工在設計解決方案時，突破常規思維，而且有助於專案清除不可避免的意外障礙。

可重複使用的技術和數據

同樣很重要的是，應該挑選一些數據和技術組件可以重覆使用的領域，這對運作人工智慧模型是必要的。如果團隊不必每次都從頭開始，可以一直使用已爲人工智慧準備好的數據或程式碼，那麼一切就會容易許多。在某個領域裡最初創造的第一、第二個模型，可能要進行初始投資，但經過一段時間之後，新專案可以在過去專案的基礎上發展，進而大幅減少開發時間和成本。我們這裡指的資源，在數據方面，通常包括共同的數據庫和後設數據的定義，而在技術方面，包括機器學習腳本、從舊有系統中數據的應用程式介面（API），以及數據視覺化的能力。

高階主管團隊通常會確定約八到十個領域，可以透過人工智慧來進行業務轉型。一旦確定之後，我們會建議他們根據可行性和商業價值，把清單篩選精簡到只剩下一、兩個領域。

在航空公司，執行長和他的直屬部屬在12個星期內，舉辦一系列策略會議。他們討論不同產業的企業，如何利用人工智慧進行創新；提出願景，說明可使用人工智慧，在15個月內實現營業利益的二位數成長；確定優先開始進行的領域；投入推進工作所需的資源。每位高階主管都要求自己領域的專家，找出本身領域可採取哪些不同做法，來實現營業利益目標，並評估他們的建議案可產生的潛在價值和可行性。在貨運領域，三位資深業務領導人，以及資訊科技和財務人員，勾勒出能更妥善填補機上可用貨運空間的機會、這麼做的預期報酬，以及從數據可取得性、技術、人才等方面，來評估實現這個目標的可行性。

步驟二：建構團隊

每個領域內負責人工智慧行動方案的團隊，應該包含所有必要的人員，像是來自業務、數位、分析和資訊科技等職能的成員，負責設計、建立和支援新的工作方式。在很大程度上，一旦各個領域的團隊了解自己的目標，並獲得資源，就會運用敏捷法自行組織工作。管理階層的角色除了要創建團隊，還包括確保各部門調來的員工能完全整合進團隊，並移除可能阻礙團隊成功的任何組織障礙。

在我們研究的許多案例中，團隊需要的大多數成員，都已經在目標領域工作，領導人只需要把他們調來這個專案，然後從企業的其他領域引進必要的技術人才。在這家航空公司，銷售、客服、營運和財務單位的員工，都參與了貨運領域的轉型，其中大多數人從一開始就隸屬於這些業務職能。數據科學家和數據工程師等人工智慧專家在這項專案工作期間，從公司的人工智慧卓越中心被指派加入這個團隊，並直接向貨運部門的資深總監報告，他是新人工智慧產品的負責人。

在某些案例中，企業必須把來自組織各個部門的人，明確地重新指派去擔任非技術職務。例如，某家能源公用事業零售商試圖使用人工智慧改造顧客價值管理，包括針對哪些目標顧客發送哪些優惠、經由哪些通路發送，以及如何測試新想法。該公司必須正式將之前各自獨立運作的市場行銷專家，從各個通路和團隊調到同一個團隊。協調他們在各自獨立的團隊中所做的工作可能會造成整體工作的延遲和脫節，因爲徵求意見和核准的請求，必須從一個部門轉移到另一個部門。這也可能會迫使相關人員承擔雙重職責。

通常，人工智慧專案團隊可能只需要一個特別行動小隊，讓整個團隊自行完成所有工作。但當任務範圍相對較廣，需要超過12個人的工作時，單一團隊就顯得太過笨拙。在這種情況下，合理的做法是把團隊分成幾個小隊，由其中一個小隊提供共享的能力。前面提到的電信業者，把新的顧客價值團隊劃分爲四個業務小隊，一個負責預付費顧客，一個負責後付費顧客，一個負責顧客開發，一個負責顧客保留。公司賦予每個小隊的任務，是在年底前減少顧客流失，或是將交叉銷售提高20%。第五個小隊負責數據公用程式，由數據工程師和開發人員組成，負責開發可供每個小隊重複使用的技術和資產，以及開發新的人工智慧分析模型來支援其他四個小隊。

步驟三：重新想像日常營運

正如我們前面提到的，要充分利用人工智慧，就必須使用新的思維方式和工作方式，來重塑商業模式、角色、職責，以及營運流程。我們發現，在一般情況下，對企業最有利的做法，是應用基本思維或設計思維技巧，並從關鍵目標或挑戰來反推工作該如何進行。例如，企業可設想五星級顧客體驗的樣貌，然後詳細探究如何實現。

上述的航空公司貨運團隊首先訪談銷售和預訂服務

專員，了解他們如何分配客機空間，以及如何決定要接受或拒絕貨運請求。服務專員如何檢查是否有可用的貨位？他們還需要哪些其他資訊？他們如何權衡不同資訊？他們在做決定時，有什麼顧慮？

這個團隊發現，傳統方法受到不準確的預測和猜測所困擾，包括服務專員試圖估計可能取消的預訂。（貨運預訂與客運預訂不同，前者即使取消預訂也不會受罰，所以常出現一種情況，就是飛機即使看上去客滿，其實經常是空著貨艙離開，因爲貨物沒有如期出現。）貨運預訂服務專員也擔心，如果貨艙超額預訂，會影響顧客滿意度。爲了避免衝突，專員往往要等到航班起飛當天才會爲顧客預訂貨艙，導致無法最有效利用貨運容量而錯失商機。

找出並了解既有流程的問題後，團隊繪製一個理想的流程樣貌，包括服務專員需要哪些資訊才能決定是否接受預訂？可以超額預定的安全範圍是多少？可以提前多久接受預訂？角色的作用將有何不同？然後，該團隊花幾個星期開發一個人工智慧儀表板原型，來爲服務專員提供必要資訊，並與他們反覆改善原型，納入同時開發的預測模型所產出的資訊。該團隊與服務專員一起對12條航線測試這個儀表板，這些航線對公司全球網路裡的1,500條航線具有代表性。該公司比較遵循系統建議的服務專員與使用傳統流程的對照組專員，找出他們在相同航線的貨運利用率和獲利有何不同。為建立對新系統的信任，高階主管消除服務專員在航班無法容納預訂的情況下通常會遭遇到的所有影響。

現在，所有服務專員都可查看直覺式的儀表板，這些儀表板以視覺化方式呈現哪些航班未充分利用空間。他們可以一目了然地查看最近航班的貨運所創造的營收。整合的回饋意見迴路，讓人工智慧系統可以在服務專員決定是否接受貨運請求時，不斷向服務專員學習，利用他們在貨物尺寸和重量平衡問題方面的專業知識，以及他們對顧客供應鏈、貿易航線和其他因素上變化的了解。這些新工具為服務專員提供資訊，讓他們有信心在出發日期之前提前出售貨位。

步驟四：順應組織和技術變化

在大多數情況下，企業必須進行重大的組織變革，像是採用跨學科協作和敏捷的心態，以支援新的人工智慧流程和模型。其實，我們的研究顯示，在人工智慧上獲得最高報酬的企業，更有可能實施有效的變革管理實務，像是讓領導人親自示範，展現期望的行爲，而由執行長和最高階主管來示範的效果最好。

再次以前述那家能源公用事業零售商爲例。該公司投資於重新培訓員工技能，讓他們能在新的環境下有效合作，並承擔新的領導職責；根據新的職責，重新調整人工智慧專案團隊成員的目標和激勵措施；針對必須調離部門的團隊成員，回補他們離開後的部門職缺。

雖然企業必須更新支援人工智慧的技術，但不需要在開始之前，就先大幅更動自身的IT基礎設施或數據架構。相反地，我們建議企業聚焦在能促進和加速人工智慧開發的技術，然後根據團隊的優先事項，來分配額外的投資。例如，雲端數據平台，以及使用應用程式介面、微服務和其他現代軟體的開發與營運實務，可讓企業培養新業務能力的速度提升二到三倍。

前面提到的電信業者爲現有交易和客服系統中的原始數據建立一個雲端平台，而相較於舊的數據庫系統，數據工程師和數據科學家可以更輕鬆地使用數據。該公司也實施一個新的分析工作台，可幫助數據科學家更快速訓練和部署新模型，此外，也針對人工智慧驅動的顧客價值管理系統，推出可簡化數據收集、分析和建構模型的工具。這些行動讓公司能開始使用非結構化數據，應用更複雜的方法，並且更有效率地工作。

在排定其他技術投資的優先順序時，團隊應規畫需要哪些能力、數據、資源（如機器人、生物辨識、感測器和連結平台），以及何時需要，然後根據需求逐一削減。上述電信業者的團隊在設計顧客價值管理系統時，發現需要一種新技術去自動對外發出直接訊息，並且即時指導銷售人員與顧客進行下一次對話的方法。

團隊也應該考慮人工智慧行動方案可能對上、下游流程產生哪些潛在影響，並採取措施來處理。例如，上述航空公司的人工智慧團隊開發一款報告工具，供經理人監督貨物裝卸，以便更有效支持這套新的銷售和預訂流程帶來的更大貨物量。

骨牌效應

一旦人工智慧開發工作在最初選定的領域中發展成熟，組織也已經進入重新構想業務各個環節的節奏，就代表可以擴大規模了。他們建立的技術基礎和所學到的技能（例如，如何成功打破各自爲政的單位，在數小時內做出過去要花幾星期才能做出的決策，創建更多由數據驅動的團隊），有助於加速他們在新領域的努力。

到了這個時點，企業可以同時在多個領域推動。同樣地，這應該要建立在過去工作的基礎之上。這可能會導致企業優先考慮已有共同數據和技能的領域，像是供應鏈和物流。或者，他們可能會在其他事業單位的相同領域推動。上述的能源公用事業零售商估計，在單一產品事業部爲改善顧客價值管理而做的工作，在短短幾個月內，帶來破紀錄的成長，包括顧客獲利貢獻增加12%、顧客保留率提升20%，而這個事業部的做法，有將近80%可在其他幾個事業單位中重複使用，同樣可以加速它們的成長。

本文介紹的企業，仍處於全面人工智慧轉型的早期階段，但正處於一個新時代的開端。他們已經體會到什麼是可能達成的，而且他們大膽的選擇，已經在他們鎖定的領域內產生可觀的報酬，並產生先前各自爲政時無法提供的新能力。這些企業已經制定一套方法和準則，可以重複使用。隨著他們轉向其他領域，前進的步伐將會加快，他們的人工智慧能力將迅速增加，而他們會發現，自己所想像的未來，實際上已經比過去更加接近。

（劉純佑譯，轉載自2021年5月《哈佛商業評論》）

塔米姆・薩利赫

麥肯錫顧問公司倫敦辦事處資深合夥人，也是麥肯錫數位的全球分析領導人。

提姆・馮坦

麥肯錫顧問公司雪梨辦事處合夥人，並領導麥肯錫旗下位在澳洲的先進分析公司QuantumBlack。

布萊恩・麥卡錫

麥肯錫顧問公司美國亞特蘭大辦事處合夥人，共同領導麥肯錫數位（McKinsey Digital）的分析轉型與知識發展議程。

—— 第七章 ——

AI行銷為何不給力？你沒問對問題，就會錯失機會

Why You Aren't Getting More from Your Marketing AI

伊娃．艾斯卡查 Eva Ascarza
麥克．羅斯 Michael Ross
布魯斯．哈帝 Bruce G.S. Hardie

有一家大型電信公司的行銷主管設法要減少顧客流失，於是決定運用AI來判斷哪些顧客最可能離開。他們取得AI的預測後，一再提供大量優惠促銷方案給高風險顧客，希望吸引他們留下來。雖然實施這項留住顧客的活動，但很多顧客還是離開了。爲什麼？這些主管犯了一個基本錯誤：向演算法問錯了問題。雖然AI預測的內容很好，但沒有解決這些主管眞正想解決的問題。

這種情境太常出現在使用AI來做商業判斷的企業裡。《史隆管理評論》（*Sloan Management Review*）與波士頓顧問公司（Boston Consulting Group）在2019年針對2,500位高階主管所做的調查顯示，有90%的受訪者表示，他們公司有進行AI相關的投資，但其中不到40%的受訪者看到這些投資在一開始三年內帶來商業利益。

我們三名作者分別擔任學術、顧問與非常務董事的職位，曾研究和提供建議給超過五十家企業，檢視這些企業在行銷上運用AI時面臨的主要挑戰。我們從中找出行銷人員運用AI時最常犯的錯誤，加以分類，並發展出一項能避免這些錯誤的架構。讓我們先檢視一

—— 本文觀念精粹 ——

問題

所有投資AI的公司中只有不到40%的公司獲得收益。這個高失敗率通常是由於領導者和管理者犯下的三個錯誤：

- 他們沒有提出正確的問題，結果指示AI去解決錯誤的問題。
- 他們沒有認識到正確的價值與犯錯的成本之間的區別，並假設所有預測錯誤是等同的。
- 他們沒有充分利用AI做出更頻繁和更細緻的決策的能力，而是繼續沿用他們的舊做法。

解決方案

一個三步驟的框架將有助於開放市場行銷和數據科學團隊之間的溝通管道。這個框架讓團隊結合各自的專業知識，並在AI預測和商業決策之間建立一個回饋循環，這涉及到三個問題：（1）我們試圖解決的市場行銷問題是什麼？（2）在我們目前的做法中有沒有任何浪費或錯過的機會？以及（3）是什麼東西／事情造成這些浪費和錯過的機會？

下這些錯誤。

重點未校準：沒能問對問題

我們研究的這家大型電信公司，主管眞正該做的事情不是找出哪些顧客可能流失，而是應該弄清楚該如何運用行銷經費，來減少顧客流失。他們不應問AI哪些顧客最可能會離開，而應該問哪些顧客最可能被說服留下；換句話說，應該問哪些考慮離開的顧客，最可能會對促銷方案有回應？這就像政治人物會把力氣花在心意搖擺的選民上，主管也該把行動的目標，對準心意搖擺的顧客。前述這家電信公司的行銷人員，給予AI錯誤的目標，於是，把錢浪費在許多無論如何都會離開的顧客身上，但對於加倍花心力就能留住的顧客，卻投資不足。

另一個類似的例子，是一家電玩遊戲公司的行銷主管，希望鼓勵使用者在玩遊戲的同時多花點錢。於是，他也請數據科學團隊找出哪些新功能，最能讓玩家更投入。團隊運用演算法，找出可能的功能與顧客玩遊戲時間之間的關係，最後預測，如果提供獎品，並讓玩家排名的能見度更高，就能讓玩家花更多時間在遊戲上。公司根據這項結果做調整，但營收並未隨之提升。爲什麼？因爲這些主管同樣對AI問錯問題：不該問「如何讓玩家更投入」，而應該問「如何增加玩家在遊戲時花費的金額」。大多數玩家並未在遊戲裡花錢，因此這項策略未能奏效。

這兩家公司的行銷主管都沒有仔細思考要處理的商業問題是什麼，以及需要什麼預測，才能做出最佳決定。如果AI預測的是哪些顧客可能最容易被說服，或是哪些功能會讓玩家花更多錢，AI才會有價值。

利弊不對稱：沒能體認到「預測正確的價值」與「預測錯誤的代價」不同

AI的預測應該愈準確愈好，不是嗎？不一定。差勁的預測，有時候代價極爲高昂，但有時候代價不那麼高；同樣地，超級精準的預測，在某些情況下的價值比較高。行銷人員，或更重要的是他們依賴的數據科學團隊，就常會忽略這一點。

以一家消費性商品公司爲例。這家公司的數據科學家很自豪地宣布，他們提高新銷售量預測系統的準確度，錯誤率從25%降到17%。遺憾的是，他們改善這套系統的整體準確度，是因爲提高低毛利產品的預測精準度，同時降低高毛利產品的預測準確度。低估對高毛利產品的需求，這情況造成的成本，遠高於正確預測低毛利產品的需求所創造的價值，因此在公司實施這套「更準確」的新系統之後，獲利下降了。

必須了解的一項重點是，AI預測可能有各種不同的錯誤。預測除了會高估或低估結果之外，還可能會出現僞陽性（例如，指出顧客可能會流失，但其實顧客會留下），或者僞陰性（指出顧客不可能流失，但其實顧客後來離開了）。行銷人員的工作是要分析這些類型錯誤的相對成本，而這幾項成本可能差異很大。然而，負責建立預測模型的數據科學團隊常會忽略這種相對成本差異很大的狀況，或甚至沒有人告知他們這種情況，於是，他們假定所有的錯誤都同樣重要，導致出現代價高昂的錯誤。

數據未善用：沒能充分運用精細的預測

企業會產生大量的顧客數據和營運數據，可以使用標準的AI工具，根據那些數據頻繁地做出詳細的預測。但許多行銷人員並沒有利用這種能力，仍根據舊有的決策模型來運作。以一家連鎖飯店爲例。這家飯店的主管每週開會，以調整各個地點的房價，即使已有AI可以針對不同房型的顧客需求，每小時更新預測數字。他們的決策流程，還是過去保留下來的過時訂房系統。

另一個重大阻礙，就是主管無法正確判斷決策的精細程度與頻率。他們除了檢視自己決策過程的步調之外，也該詢問，根據整體層次的預測所做的決定，是否也應該參考一些經過更精細微調的預測。例如，有個行銷團隊要決定如何把廣告經費分配到亞馬遜和Google的關鍵字搜尋。這個數據科學團隊目前的AI能夠預測，透過這些管道獲取的顧客各有多少終身價值（lifetime value）。然而，這些行銷人員如果使用更精細的預測，也就是平均每個管道、每個關鍵字帶來的顧客終身價值，也許就能讓廣告經費帶來更高的報酬。

雙向溝通不良

除了要不斷防範我們以上提到各種類型的錯誤，行銷主管也必須改善與數據科學團隊的溝通與協作，並且清楚說明自己設法要解決哪些商業問題。這不是高深的科學，但我們常看到行銷主管在這方面出錯。有好幾項因素會妨礙協作的成效。有些主管還沒有完全了解AI的能力與限制，就直接投入各種AI方案。他們可能會有不切實際的期望，於是設定AI做不到的目標；或者他們低估AI可能帶來的價值，於是他們的專案不夠遠大。如果資深主管不願意承認自己不懂AI科技，就可能出現這兩種情況。

對於溝通不良的情況，數據科學團隊也難辭其咎。數據科學家常常偏好自己熟悉的預測要求條件的專案，無論這些條件是否符合行銷需求。如果行銷團隊沒有提供指引、說明如何提供價值，數據團隊常會待在自己的舒適圈裡。行銷主管的問題可能是不願意提問（以免顯露自己的無知）；數據科學家則是常常難以向沒有技術背景的主管解釋自己能做到什麼，以及做不到什麼。

我們已經發展出一個包含三步驟的架構，有助於開啓行銷團隊與數據團隊之間的溝通。我們已經在幾家企業應用過這個架構，這個架構能讓各個團隊結合各自的專業知識，並在AI預測與參考這些預測所做的決定之間，形成一個回饋迴圈。

架構運用實務

若要實際運用這套架構，讓我們回到前面電信公司的案例。

1. 我們現在想解決的行銷問題是什麼？

這個問題的答案必須有意義，而且精確。舉例來說，「我們如何減少顧客流失」就問得太廣泛，對AI系統開發人員沒有任何幫助。「如何能最妥善地分配留住顧客的活動預算，以減少顧客流失」這樣的問法比較好，但仍太廣泛。（這筆留住顧客的預算已經定案，還是要由我們決定？所謂的「分配」是什麼意思？是否要分配給不同的留住顧客活動？）最後，我們會得到一個對問題更清楚的陳述，像是：「如果現在有幾百萬美元的預算，我們的某一項留住顧客活動，應該針對哪些顧客？」（當然，這個問題可以進一步調整，但你應該已經懂我們的意思了）。請注意，我們完全沒提到「我們要如何預測顧客流失」，因爲預測顧客流失，並不是要解決的行銷問題。

定義問題時，主管應該要深入到我們所謂的原子層次（atomic level），也就是在做決定或採取介入措施時，可以盡量考量到最精細的程度。在這個案例中，待做的決定就是，是否要把留住顧客的促銷方案寄給每一位顧客。

在這個發現流程中，必須要好好記錄當天如何做出各種決定。舉例來說，這家電信公司使用AI，根據每位顧客可能在下個月流失的風險，把顧客由高到低排序。公司從風險最高的顧客開始發出促銷方案，一路往下提供，直到分配給留住顧客活動的預算用完爲止。雖然我們似乎只是說明這個步驟，並沒有提到該如何重新建構這個問題，但我們已經看過太多案例，數據科學團隊到這個時候才首次了解到，自己的預測結果是如何運用的。

在這個階段的一項重點，就是行銷團隊必須要採取開放的態度、願意反覆修改，直到妥善定義出待解決的問題，以呈現這項決定對損益的完整影響，並看出其中的任何權衡取捨，還要詳細說明眞正有意義的改善可能是什麼樣子。根據我們的經驗，資深高階主管通常很能理解待處理的問題，卻不一定能精確定義這個問題，或者不見得能向其他團隊成員清楚說明，AI能如何協助解決這個問題。

2. 在我們目前採用的解決方法裡，是否有任何浪費或錯失的機會？

行銷人員常能看出推出的活動成效令人失望，但沒有更深入探究。有時，主管不確定成果是否能夠改善。他們必須退一步，找出目前做決定的方式當中是否有浪費，以及是否錯失機會。

舉例來說，大多數航空及旅館業者都會追蹤「溢出」（spill）與「空位」（spoil）這兩種指標：「空位」衡量的是空置未賣出的機位或房間（常是因爲定價過高），而「溢出」衡量的是因爲機位或房間太快就賣完

（常是因爲定價過低），而損失的交易機會。溢出和空位是很好的指標，可以衡量錯失的機會，因爲這兩種指標呈現的樣貌，與搭機住房率、平均支出之類的總計式指標所呈現的樣貌大不相同。行銷領導人如果要讓AI投資發揮最大效用，就必須找出相當於溢出與空位的指標，不是在整體層次上，而是在原子層次的指標。

第一步就是要反思，如何算是成功和失敗。在前述那家電信公司，一般人直覺認爲成功的定義，是「接到促銷方案的顧客是否續約？」但這種定義太過簡化，也不準確；這些顧客或許不用促銷方案就會續約，所以提供優惠促銷反而浪費了留住顧客的經費。同樣地，如果沒有接到優惠促銷的顧客，最後決定不續約，這樣算是成功嗎？不一定。如果這位顧客無論如何都不打算續約，「不提供優惠」實際上算是成功，因爲本來就無法說服他留下來。然而，如果這位顧客只要收到優惠促銷就會留下來，那就是錯失一個機會。那麼，在原子的層次如何算是成功？應該只鎖定那些有很高流失風險、但可以被說服留下來的顧客，而不提供給無法說服留下來的顧客。

一旦找出浪費的來源與錯失的機會，下一步就是在數據協助下，量化這些浪費和機會。這件事可能很簡單，也可能非常困難。如果數據團隊能檢視數據，然後迅速判斷在原子層次如何算是成功或失敗，那就太棒了！這個團隊接下來可以檢視成功與失敗的分布情形，如此就能量化那些浪費與錯失的機會。

然而，有時很難找出在原子層次的失敗。在前述那家電信公司，數據團隊並未檢視哪些顧客有可能被說服留下來，因此很難判斷失敗的類型。在這種情況下，團隊可以使用較屬於總計式的數據，來量化浪費與錯失的機會，即使這樣產生的結果較不精確，也要這麼做。這家電信公司可以使用的一個方法，就是檢視「提供促銷誘因的成本」，相較於「收到這些誘因的顧客所增加的終身價值」，何者較高。同樣地，對於促銷活動沒有接觸到的顧客，團隊可檢視因爲他們不續約而損失的獲利。

這些手法有助於這家電信公司區分以下顧客：哪些顧客雖然被留下來，但花費的成本比增加的終身價值高；哪些高價值顧客雖然收到留住顧客的促銷優惠，但仍流失；哪些高價值顧客沒有收到促銷優惠，而在促銷活動後離開。這些量化結果之所以能產生，是因爲數據科學團隊有個控制組的顧客（也就是沒有對這些顧客施行任何介入措施，好讓他們成爲基準），把分析結果與這些顧客的情況做比較。

3. 什麼原因造成那些浪費與機會錯失？

這通常是最難的問題，因爲若想回答這點，就得重新檢視公司對目前方法的隱含假設。要找到答案，公司必須檢視數據，並讓特定領域主題的專家和數據科學家團隊合作。合作的重點，應該是要解決我們前面提過的問題：重點未校準、利弊未對稱、數據未善用。

處理「重點未校準」的問題。這裡的目標，是要找出AI預測結果、決策內容、商業成果這三者之間的連結。這需要思考一些假設性的情境。我們建議各團隊回答以下問題：

> 「在理想的世界中，你會擁有哪些知識，可以完全排除浪費和錯失機會？你現在的預測，是否很接近那樣的理想狀況？」

前述電信公司的團隊成員，當初若是回答這個問題，就會明白，如果他們的AI能完美預測，誰會因爲留住顧客方案而留下來（而不是預測誰將要離開），就既能排除浪費（因爲他們就不必提供優惠給無法被說服留下來的顧客），也能避免錯失機會（因爲他們能鎖定所有可以被說服的顧客）。雖然在現實世界中不可能有完美的預測，但把重點放在「可被說服」上面，仍可大大改善結果。

確認有關理想情況的資訊之後，接下來的問題，就是數據科學團隊能否針對所需的預測項目，提出夠準確的預測。重要的是，必須由行銷團隊與數據科學團隊一起回答這個問題；行銷人員常常不知道可做些什麼。同樣地，數據科學家如果缺少那個主題領域的專業知識，也很難把預測結果連結到決策。

「AI產出的結果，是否與你的商業目標完全一致？」

你是否記得前面提到的電玩公司？他們當時使用AI，來找出能讓玩家更投入遊戲的功能。想像一下，如果他們不是這麼做，而是創造出能預測玩家可爲公司帶來多少獲利的AI，那麼會帶來什麼效益？

這方面常見的一種錯誤，就是誤以爲，預測與商業目標之間有相關性就已足夠。這種想法有缺點，因爲相關性並非因果關係，於是可能出現一種情況，就是你或許預測到，某件事的變化與獲利能力有相關性，但其實無法改善獲利。即使眞的有因果關係，也不見得能百分之百對應到你的目標，所以你花費的心血，不見得能完全達到你要的最後結果，導致錯失了機會。

在前述那家電信公司，問第三個問題，可能引導團隊不只思考可被說服的使用者，也要想想，這些使用者能帶來的獲利會增加或減少。一個可被說服、但預期獲利低的使用者，優先程度應該不如可被說服、預期獲利高的使用者。

處理「利弊未對稱」的問題。你一旦清楚了解AI預測，與決策和商業成果之間的關聯，就該把系統出錯所帶來的成本加以量化。這就需要問：如果AI產出的結果並不完全正確，會和我們想要的商業結果有多大差距？

在那家電信公司，把留住顧客的促銷方案寄給無法說服的顧客（浪費），這樣的成本比失去一個本來可以透過優惠方案而留下的高價值顧客（機會錯失）低。因此，如果AI系統把重點放在「不要漏掉可說服的顧客」，公司的獲利會更高。即使這麼做會提高誤判某些顧客願意接受優惠方案的風險，仍值得這麼做。

浪費與錯失機會之間的差異有時很難量化。但即使只能大致得出這兩者之間不對稱的成本，也值得去計算。否則，我們做決策時根據的AI預測，可能是在某些指標上很準確，但對於會特別大幅影響到商業目標的那些結果，預測卻不準確。

處理「數據未善用」的問題。大多數行銷用AI所做的決定，並不是新的決定，仍是在處理舊決定，像是顧客區隔、鎖定目標顧客、預算配置等。「新」的部分在於做這些決定時，根據的是由AI收集處理更豐富資訊。這麼做的風險，在於人類大致上不樂意改變。在做一些舊決定時，許多主管尚未針對改採AI新科技能帶來的頻率與精細程度做出調整。然而，他們爲什麼還要用過去的步調來做決定？爲何還要受到完全相同的限制？前面已經提過，這有時會造成失敗。

要解決這種問題，可進行兩種分析。第一，團隊應檢視，如何透過預測結果所產生的其他行銷活動，來減少浪費與錯失機會的情形。前述電信公司的團隊考慮採取的介入措施，就是爲了留住顧客而提供折扣。如果團隊在這項決定裡加入其他誘因，情況會如何？團隊是否能預測，哪些人可能會接受這些誘因？團隊能否運用AI，判斷哪一種誘因對哪一種類型的顧客最有效？

第二種分析是要量化計算，如果AI預測做得更頻繁或是更精細，或者既頻繁且精細，那麼可能得到什麼好處。例如，某家連鎖零售商的數據科學團隊開發出一套AI，能每日預測個別顧客，對於各種行銷活動會有何反應，但這家連鎖零售商的行銷團隊，是每週針對16個顧客區隔做決定。改變決策方式顯然要付出成本，但這家零售商是否會發現，改變的效益大於那些成本？

建構攜手進步的合作

行銷需要AI。但AI需要借助行銷思維，才能充分發揮本身的潛力。這需要行銷團隊與數據科學團隊持續交流，以便更了解如何從理論上的解決方案，轉化爲能實際執行的解決方案。

我們提出的架構已經證實可用於讓這兩個團隊攜手合作，提高AI投資帶來的好處。我們描述的這套方法應該能創造一些機會，讓AI做出的預測與企業想達到的成果更爲一致，並了解差勁的預測可能帶來不對稱的成本，也能讓團隊重新思考採取行動的頻率及精細程度，以改變決策的範圍。

行銷人員與數據科學家運用這套架構時，必須建立一種環境，讓人們透明地檢視績效表現，並時常反覆改善所用的方法，而且一定要明白，目標並不是要達到完美，而是要持續改善。

（林俊宏譯，轉載自2021年8月《哈佛商業評論》）

伊娃．艾斯卡查

哈佛商學院企管講座副教授。

麥克．羅斯

DynamicAction共同創辦人，該公司爲零售業者提供雲端數據分析服務。他也是倫敦商學院（London Business School）企業高階主管研究員。

布魯斯・哈帝

倫敦商學院行銷學教授。

—— 第八章 ——

定價演算法趕走我的客人？請小心，別讓品牌受傷害

The Pitfalls of Pricing Algorithms

馬可・貝迪尼 Marco Bertini
奧德・柯尼斯堡 Oded Koenigsberg

2017年6月3日，英國警方接獲恐怖攻擊的通報，警車閃著藍燈飛馳前往倫敦橋。警車從數以千計的民眾身旁呼嘯而過，他們正在該區餐廳和酒吧裡享受週六夜晚。許多走在街頭的民眾嗅到了危險的氣息，想趕緊叫輛優步安全回家。但是，在第一通緊急電話於晚上10點7分通報之後的43分鐘內，優步的動態定價演算法，導致城裡那個地區的汽車費率飆漲超過200%。

那次倫敦事件只是優步在集體焦慮時刻價格飆升的眾多不良案例之一。類似的費率突然升高情況也發生在2016年紐約市爆炸案、2017年計程車司機罷工抗議美國反移民政策、2020年西雅圖大規模槍擊事件，而在西雅圖槍擊事件中，費率甚至飆漲500%。優步的演算法定價，一直招致這家共享汽車公司9,300萬活躍使用者的批評。在倫敦橋恐攻事件當晚，即使優步用人工方式停止倫敦橋附近的定價飆漲，但對倫敦市中心周邊地區的影響依舊持續五十分鐘。

經濟學家可能會稱讚優步的定價引擎：當需求相對於供給增加，乘車價格也隨之攀升。但對顧客來說，使用這項服務的成本，似乎就像賭輪盤一樣難以預測。

本文觀念精粹

問題

許多公司用演算法爲商品或服務定價，並即時調整價格，以實現利潤最大化。但不斷變動的價格，會導致顧客疏遠，破壞顧客忠誠度，並傷害品牌聲譽。

成因

定價演算法仰賴人工智慧和機器學習，來權衡各種變數，像是供需狀況、競爭對手的定價，以及交貨時間。但這麼做往往沒有考慮到頻繁的價格變化對顧客心理的影響，導致顧客質疑公司的動機，以及產品和服務的價值。

解決方案

若要更妥善控制動態定價對顧客傳達的訊息，以及如何影響顧客關係，公司就應該爲演算法的實施，發展出適當的使用案例與敘事，指派負責人來進行管理、設置並監控定價的價格範圍，以及在必要時迅速採取行動，以推翻自動化的做法。

優步不是唯一面臨這個問題的企業。許多產業的公司，包括廣告、電子商務、娛樂、保險、體育、旅遊和公用事業，都採用動態定價，而成功的程度不一。一個著名的經典例子是可口可樂（Coca-Cola），它在1990年代後期，實驗推出能感測溫度的自動販賣機，會在炎熱的天氣裡，提高飲料的銷售價格。在引發民眾怒火之後，該公司迅速放棄那個專案。

定價演算法的目的，是要幫助企業在近乎即時的基礎上，決定最佳價格。定價演算法使用人工智慧和機器學習來衡量各種變數，像是供需、競爭對手定價，以及交貨時間。可惜，演算法偶爾會出錯，得出沒有人願意支付的數字，例如，Wayfair家具網站上列出一個14,000美元的衣櫃，以及亞馬遜上提供一本近2,400萬美元的教科書。但如果公司把決策過程交由電腦執行，這類失誤就只是要承擔的風險之一。

價格的不斷變化，對需要受到適當管理的顧客釋放出強烈訊號。然而，許多組織沒有意識到這一點。他們知道價格會影響購買時間和購買什麼商品的決策，卻忽略一個事實，就是價格持續漲跌，可能會引發消費者對產品產生負面看法，而且很重要的是，對公司本身產生負面看法。因此，品牌在運用演算法系統時，需要考慮的不只是簡單的數學問題。這些系統可能會在贏得顧客忠誠度和賺錢之間，造成令人不安的緊張關係。但如果實施得當，這些系統可以讓營收最大化，同時，也讓顧客感覺爲這個產品或服務支付適當的價格。

在本文中，我們探討企業請顧客付費時，有哪些心理因素發揮作用。我們檢視演算法定價的眞實例子，以及演算法會如何對使用它們的品牌有利或有害。我們還會詳細說明適當監督和管理的效益，包括：確定應由哪個事業單位負責這方面的做法，以及應設置哪些價格參數，來限制濫用的可能性。

演算法定價的心理影響

我們首先來談談根源保險公司（Root Insurance）的案例，這家保險業者在美國三十個州銷售汽車保單。爲了提升教育顧客、培養顧客關係的成效，該公司設計一個動態定價計畫，以個人化和透明的方式來對待每位駕駛。與競爭對手不同的是，根源保險公司不使用由人口統計數據產生的大型、相對匿名的風險池來區隔定價，反而是爲駕駛提供一個行動應用程式，用於衡量他們在駕駛時的日常行爲。這些數據被輸入一個演算法，用以計算個人的安全分數。接著，該公司主要依據駕駛的表現來決定保險費，同時，也給予傳統因素一些權重，例如信用評分和保險詐欺統計等因素。爲了減少對資源不足的顧客產生的偏見，根源保險公司避免考慮任何人的教育或職業（這是其他常見的產業因素），並承諾到2025年時，會排除信用評分的因素。此外，該公司只爲通過安全測試的人提供保險。根源保險公司聲稱，篩選掉不良駕駛，可減少與事故有關的費用，並降低所有顧客的保險價格。

根源保險的模式是個有用的例子，可用來說明定價演算法及透明度如何改善顧客關係。第一，顧客在看到根源保險單的價格之前，會知道公司考量及未考量的因素。第二，顧客知道爲什麼自己支付的價格可能與其他人不同。第三，顧客知道根源保險爲了盡量減少保險的最終成本做了什麼事。

讓顧客了解演算法定價的互惠性質，是成功的關鍵。這是因爲，爲某樣東西多付錢可能很痛苦。卡內基美隆大學（Carnegie Mellon University）、史丹福大學（Stanford University）和麻省理工學院神經科學家攜手進行的研究指出，當人們看到價格過高的產品，人腦中的疼痛中心就會被啟動。

僅僅是要求付費這個行為，無論何時或如何提出要求，立刻就會把顧客關係的重點，從追求一致的利益，轉為調和彼此對立的利益。在最壞的情況下，公司要求付費可能會疏遠顧客。以顧客為中心的組織所面臨的挑戰，就是要在市場常態情況推動價格上漲，侵擾原本良好的顧客關係時，如何盡可能地降低風險，並縮小可能的損害。

在定價演算法被廣泛使用之前，價格比較不會波動，而且不同賣家之間的差異很小。顧客的期望相對穩定，也不認為價格是個人化的。每當價格變化導致實際成本和預期成本有差異時，顧客更容易把價格上漲合理化，認為這是普遍實施，而且是精心制定的企業策略中的一環。

科技讓這些衝突變得更頻繁，看似更加沒有道理，規模也更驚人，顧客因此感到不安，覺得比以往更難將自己看到與期望的事物相互調和。與此同時，很多企業開始認爲，只要顧客對價格的預期穩定，而且受到的干擾最小，就表示原本可以從顧客那裡賺取更多錢卻錯失了。爲符合市場常態，企業愈來愈倚重利用演算法來實現獲利最大化。今日，即使是發展最慢的企業對企業（B2B）產業，也使用強大的演算法定價工具，來取代電子試算表。

科技讓企業能加深與顧客的關係，同時也可以更有效率、更熟練地從顧客手中獲取金錢。然而，這種組合常讓顧客想知道自己應該怎麼想，以及應該信任哪些公司。隨著顧客的價格敏感度提高，他們會花更多時間設法了解價格的變化：這些波動對自己要購買的產品、服務品質或是否值得購買有什麼影響？賣家的動機和價值是什麼？以及企業對自己的光顧，究竟有什麼看法？

如果價格變化達到平衡，這些問題的急迫性就會消退。但如果侵擾的頻率和程度始終不確定，這些問題就會揮之不去，最終迫使顧客在沒有賣方明確指引的情況下，得出自己的結論。這時，顧客會開始針對演算法的訊息，而不是針對公司的訊息做出反應；這對任何企業來說，都是個危險的主張。

爲了更妥善控制演算法定價對顧客傳達的訊息，以及對顧客關係的影響，我們提出四個建議，以及一些說明案例，以協助闡明如何應用每個建議。

1. 決定合適的使用案例和敘事

2020年，瑞典家具零售商宜家家居（IKEA）在杜拜分店推出一項新計畫。在限定期間內，公司讓顧客能夠根據自己開車前來店裡所花費的時間，爲產品支付不同的價格。每件商品，從餐廳的三明治到整套臥室用品，都有兩個單位的價格：當地貨幣和時間金額。例如，某個家庭開了45分鐘的車到達宜家商場，就能獲得與這段行程距離相關的一定價值。在結帳時，這個家庭可以向收銀員展示Google地圖時間軸的讀數（這是Google地圖手機應用程式的一項功能，可以追蹤和記錄使用者走過的所有路線）。收銀員會執行一個演算法，把花費的時間、行駛的距離，以及杜拜工人的平均時薪等因素納入考量，計算出這趟車程的貨幣價值。然後，商店以貨幣形式提供這個價值。車程時間愈長，家庭獲得的時間積分愈多，需要支付的錢就愈少。

購物者從宜家這項計畫中得出明確的結論：這家零售商希望激勵他們長途跋涉到店裡。雖然不同的顧客會爲相同的商品支付不同價格，而且個別顧客每次到店裡時，可能會看到不同的價格（取決於他們的出發地點），但消費者仍然覺得，自己可以決定要支付多少錢。這與人們在價格飆漲期間常會經歷的無助感，形成鮮明對比。最重要的是，由於顧客要支付的費用，只會隨著車程距離增加而減少，並不是隨需求增加而增加，因此沒有人支付的價格超過公司網站上宣傳的價格。換句話說，宜家使用以距離爲基礎的演算法來獎勵顧客，而非懲罰顧客。這麼做可能會損失一些可立即取得的營收：行車里程夠遠的購物者可以獲得大幅折扣，甚至可以免費獲得一些產品。但是，宜家選擇合適的使用案例，搭配激勵消費者光顧商店的誘因，因而可能吸引到更多遠程顧客，並提高所有顧客的忠誠度（以及理論上的終生價值）。

像宜家這樣的模式相當少見。企業通常採取動態定價來改善本身的短期財務目標，不太考慮顧客的觀感。然而，演算法進行如此大量和密集的價格變化，可以向買家發出明確的訊號，呈現從企業使命和價值觀，到產品品質的所有面向。這些訊號可能會排擠掉其他塑造品牌與顧客關係敘事的努力。在最壞的情況下，演算法會把「要求顧客付費」這個原本就很微妙的任務，變成一種驅趕他們離開的體驗。正因如此，企業不能把管理定價技術的工作交給數據科學家負責。

改進方法不只是技術上的，更是組織和心理上的。雖然聽起來有些矛盾，但更好的演算法，可能會讓事情變得更糟，因爲演算法會利用環境情況來得利，並且引發怨恨，就像優步在倫敦橋恐攻期間發生的狀況。

若要克服組織上的挑戰，首先應體認到，演算法定價不只是一種產生價格、讓供需平衡的工具，其實，它是一個原則，這個原則必須與從上到下的整個組織保持一致的方向。

當顧客認爲企業僅根據供需來決定價格，他們得出的推論可能是有害的。例如，某家創新企業提供高度差異化的產品。這家公司若是在自己的定價演算法中強調供需關係，基本上就是在告訴顧客，自己的產品價值主要取決於是否有貨，而不是這項產品在解決顧客問題上的表現如何，或是相對於競爭對手的表現如何。此外，顧客可以學會操弄系統，在自己認爲價格低廉的時刻購買。這會再次驅動產品變成大眾化商品。相比之下，宜家的動態定價模式，著重於吸引不太可能光顧的顧客，而不是因爲供應不足，懲罰可能上門的顧客。

2. 指派定價演算法的負責人

2019年，美國聯合航空公司（United Airlines）取消經常搭乘的旅客用來兌換獎勵點數的里程表，取而代之的是演算法定價模型。公司解釋有必要把獎勵里程與供需掛鉤的理由，並強調顧客將如何受益（用更少的獎勵里程兌換離峰航班）。

不過，新系統確實導致兌換高需求航班的點數變得更高。這當然讓使用里程數兌換的旅客感到沮喪，但該公司以一種容易理解的方式，溝通說明所有的改變，並把努力重點放在某個特定（而且可能忠誠的）顧客群身上。這種做法讓公司能減輕重大的聲譽損害。此外，聯合航空將新演算法的管理工作交給監督會員忠誠度計畫的團隊，這等於是把定價系統的明確所有權，交給對最忠誠顧客敏感度最高的部門。這項策略讓航空公司能監控且快速回應演算法的缺失，或是顧客關係的挑戰。

演算法失控時，很容易怪罪演算法本身，但問題的根源通常在其他領域，像是組織不夠關注顧客心理，或是沒能掌握顧客心態。大多數的企業並不完全了解要求顧客付費時發生什麼事。它們過度關注數字，認爲數字不過就是形成供需關係的市場力量所造成的被動結果。用亞當斯密（Adam Smith）的話來說，是「看不見的手」在運作，而不是公司本身。

這種短視，導致企業忽略價格傳達的其他資訊。即使組織確實體認到這些資訊的力量及影響，大多數企業仍然無法有效地管理這些資訊，因爲定價是組織裡的孤兒，沒有明確定義的領導、責任和問責制。

當企業興高采烈地把定價的繁重工作交給自動化時，切割出去給演算法的不僅是數學計算的控制權，也包括傳達訊息的工作。當數據科學家、數據分析師和定價專家都專注在優化數字時，誰來確保傳遞的訊息是最佳訊息？很多組織的答案是，沒有人負責。

定價演算法本身有兩個弱點。第一，它缺乏必要的同理心，而需要這種同理心，才能預測和理解價格變化對顧客行爲和心理造成的影響。第二，它缺乏長期觀點，而需要這種長期觀點，才能確保符合公司策略或總體目的。定價演算法只強調即時的供需波動，因此與行銷團隊想要建立長期關係和忠誠度的目標背道而馳。長期思維和即時價格變化之間的這種衝突，不僅加劇贏得商譽和賺錢之間的衝突，也提高在品牌遭受不可逆轉損害之前，找到解決方案的急迫性。

企業如果不主動地、有策略地管理價格設定和訊息傳遞，就有可能會提高價格敏感度、破壞價格與價值的關係，以及損害品牌聲譽，因而觸發、甚至加速旗下產品的大眾商品化。但是，公司若能賦予權力給一個團隊，讓他們規畫一些價格方案，並即時針對那些方案做決策，公司就可以在面臨困境時迅速轉向。

3. 設置和監控定價範圍

想想在主題樂園裡最典型的糟糕體驗。客人必須忍受痛苦去排長長的隊等待使用遊樂設施、吃飯和上廁所，再加上遊樂園工作人員分身乏術或訓練不足，因而來不及服務你。這種令人不愉快的體驗，讓很多顧客懷疑自己在門票、停車、餐點和住宿方面的大手筆投資是否值得。如果遊客排隊和等待時間更短，並與遊樂園工作人員有更好的互動，應該會有更愉快的體驗。

爲了提高顧客滿意度，位於美國佛羅里達州奧蘭多的迪士尼世界（Disney World），在2018年將動態價格結構從人工作業，改爲用演算法計算。新計畫提高多日票的整體價格，但降低淡季的門票價格，鼓勵顧客事前妥善規畫行程，或是在淡季預訂行程，以便享有較低價格。

迪士尼的計畫有幾個優點：第一，它顯示動態定價除了增加營收或銷量外，還可以達成其他目標。即使總營收和總遊客人數長期保持不變，但定價結構會讓客流變得更穩定，這意味迪士尼對員工和其他資源的需求波動較小。這可以大幅節省成本。第二，顧客體驗明顯改善，因爲遊客可以享受更多遊樂設施，參觀更多景點，更妥善利用自己在遊樂園裡的時間。第三，動態定價計畫可以用來明確宣傳，公司致力提高長期顧客滿意度（儘管總體價格提高了）。

迪士尼世界改用演算法系統時，也決定不再對個別主題樂園（魔術王國、未來世界、動物王國和好萊塢影城）的單日門票採取動態定價，因爲這才符合它的最佳利益。無論顧客選擇在一年中的什麼時間造訪這四個主題樂園，無論需求如何，這四個樂園的單日門票定價都設爲109到129美元。這個價格範圍限制迪士尼對單日門票的收費，但也設定明確的價格參數，有助於顧客預測成本和規畫行程。迪士尼觀察遊客如何自行選擇行程，而得以加強有關遊樂園體驗的溝通宣傳，並設計額外的服務方案，來迎合不同的客群。

其他企業可用類似的方式運用價格範圍，不僅可保護顧客免受價格劇烈波動的影響，還可判斷定價如何影響組織的各個領域。在建立最初的價格範圍，以及持續設定價格範圍之際，企業應鼓勵不同業務線之間共享資訊。這是取得關鍵知識，好讓公司受益的最佳方式。我們認爲，若要從演算法中收集見解，有三個主要領域需要進行更密切的跨職能協作：

實驗

受到控制的定期價格測試，能協助企業衡量顧客對產品、服務或任何功能的重視程度，並了解在哪些情況條件下，可以在何時、如何取得那項價值。的確，定價實驗可能比傳統的市場研究強大得多，因為顧客是對實際產品做出反應，以及進行眞正的交易。他們對價格變動的反應，有助於企業找出什麼是有效的做法，什麼是無效的做法，以及買家在什麼時候首次做出購買決定。

監控

企業可制定新的關鍵績效指標，或是比較現有指標，以確保價格變化的頻率和幅度，不會削弱顧客忠誠度或品牌聲譽。沒有任何企業會希望被視為不公平、操縱或貪婪的公司。因此，重要的是採取措施，以約束和管理定價演算法的產出，而在事前考慮產出結果會傳達的訊息及後果也極為重要。這讓企業能經由實施硬性的最低和最高價格範圍，來避免極端和自由浮動的價格，就像迪士尼設定的固定單日定價。

策略

本質上，這是以長期的整合觀點來看待前兩個要素。企業的產品開發、品牌、定位和定價，是否合諧地一起運作，或是運作時摩擦最小，以實現企業的策略目標？企業必須努力直接或間接地確定，顧客如何看待公司的使命和目的，以及有關價格的行動究竟是強化，還是損害自己試圖建立的聲譽。顧客從價格中推斷出的訊息，應該契合企業透過非價格活動，來宣傳自家公司及產品時傳達的明確訊息。

當企業注意到，價格變化除了影響到顧客當下是否購買的決定，還可能用哪些方式改變顧客的想法和行爲，那麼企業就能強化顧客關係，而不是削弱這層關係，即使提高價格也一樣。企業可以利用價格變化的力量來改善營運，同時爲顧客創造更好的整體體驗。

4. 必要時，推翻演算法

與過去常見的「一勞永逸」定價方法不同，擁有動態策略的組織，必須採取更主動、更有創意的姿態，以實現想要達成的結果。對迪士尼、宜家家居和聯合航空公司來說，目標很簡單：即使在不太理想的情況下（在較不方便的日子，或是長途跋涉到實體店面），這些品牌也希望讓顧客的交易物有所值。這些公司也希望從管理價格的方式，來溝通說明自家產品的定價如何、何時和爲何改變，讓自己從中受惠。

最佳的定價演算法，可分析顧客數據和其他資訊，以便在任何特定時刻，爲任何特定顧客產生最理想的價格。但是從誰的角度來看是最理想的價格？這個問題涉及贏得顧客好感和賺更多錢之間的衝突，並帶來複雜的組織挑戰，必要時，應明確指派負責人來監督和管理這個挑戰。有時可能需要調整演算法；其他時候，則可能需要暫停使用演算法。

你傳遞了什麼訊息？

倫敦橋恐攻事件發生的隔天，優步宣布退還所有在受影響地區乘車客人支付的費用。優步還吹噓說，自家的司機幫助數萬人逃離現場。如果沒有遭受價格飆升造成使用者立即反彈的影響，這兩項聲明都可能會提高公司的聲譽。雖然很難量化這次價格飆漲，對優步顧客關係的持久負面影響，但顯然，若能更快地反應，或是採用更主動積極的機制來防止價格飆漲，應該能讓優步品牌和當晚的乘車客人受惠。

所有企業都應該了解自家的定價演算法向顧客傳達了什麼訊息，以及如何才能最妥善地掌控這個訊息。爲了有效做到這一點，公司必須爲實施演算法定價制定適當的使用案例和敘事，指派負責人來監控定價的價格範圍，並賦予那名負責人權力，可在必要時管理或推翻自動化做法。如此一來，企業既能即時優化動態定價，又不會犧牲顧客忠誠度，也不會損害自己的聲譽。

（劉純佑譯，轉載自2021年10月《哈佛商業評論》）

馬可．貝迪尼

位於西班牙巴塞隆納的拉曼魯爾大學艾薩德商學院（Esade–Universitat Ramon Llull）行銷學教授，以及哈佛商學院行銷系訪問學者。他也在波士頓顧問集團擔任行銷、銷售和定價實務的資深顧問。

奧德．柯尼斯堡

倫敦商學院行銷學教授。

—— 第九章 ——

掌握兼顧彈性的自動化策略

A Smarter Strategy for Using Robots

班恩・阿姆斯壯 Ben Armstrong

朱莉・沙 Julie Shah

1982年，美國通用汽車（General Motors）宣布要打造一座「未來工廠」（factory of the future）。這座位於美國密西根州薩吉諾（Saginaw）的工廠要實施生產自動化，以重振通用汽車的業務，面對來自豐田（Toyota）、日產（Nissan）等日本車廠的激烈競爭。在那之前兩年，通用汽車虧損7.63億美元，在公司72年歷史中僅有兩次虧損，而這是第二次。執行長羅傑·史密斯（Roger Smith）造訪豐田一座工廠回來之後下定決心，認爲通用必須自動化才能競爭。

薩吉諾專案設想的做法，是要集結4,000具機器人來負責製造。目標是提高生產力與彈性。這批機器人可望縮短通用汽車長達五年的生產週期，最多可減少兩年，而且能夠切換製造不同的車款。員工生產力將提高300％，人工系統與人工介面也會去除。這批機器人會很有成效，因此需要的人力很少，工廠甚至不必開燈。

然而，通用這項「關燈」實驗一敗塗地。那座「未來工廠」的生產成本，比雇用數千名工會工人的工廠還要高。那些機器人無法區分旗下不同品牌的車款：它們會想要把別克（Buick）的保險桿安裝到凱迪拉克

本文觀念精粹

問題

儘管自動化科技有長足進展，但是高生產力、高彈性、人類員工減到最少的全自動化願景仍然遙不可及。

成因

自動化科技的採用尚未普及。許多公司推行自動化之後提升的生產力，往往會因喪失流程彈性而抵消，得到零和的結果。

解決方案

「正和自動化」衡量三個層次的成效——機器、系統、團隊。如果自動化讓你的人類團隊更快樂、表現更好，這樣的自動化才算成功。

（Cadillac）的汽車上，或是反過來。機器人也是糟糕的噴漆師傅，它們會互噴，而不是噴漆到生產線上的汽車。1992年，通用關閉薩吉諾工廠。

　　薩吉諾工廠關門迄今的30年間，科學家與工程師在機器人硬體（實體機器）與自動化軟體（推動那些機器的電腦運算智慧）方面，都已經有長足進展。機器人與其他自動化科技在執行重複性工作方面，安全性與精確度愈來愈高。它們能夠規格一致地切割與焊接金屬，而且沒有損傷之虞。它們能夠爲車輛上漆，不會相互噴塗。而且除了工廠之外，自動化在今日已能應用在更加精密複雜的新情境當中。

然而，儘管自動化科技已有進展，「關燈製造」（lights-out manufacturing）的承諾仍然遙不可及（關燈製造是指具有生產力和彈性的自動化，把人類員工減到最少），主要原因有二。首先，業者採用這類科技的做法一直不夠篤定，而且有限。根據2018年美國人口普查局的數據，回報有使用機器人的製造業公司所占比率不到10%。2020年新冠疫情大流行，政府下令民眾待在家中，各方預期工廠自動化的需求會增加，但美國、德國與日本的機器人採購金額都低於2019年的水準。在中國，政府祭出大手筆補貼，鼓勵企業採用機器人，作爲推動自動化的國家策略的一環，但據估計，製造業使用機器人的比例大致與美國相同。研究顯示，即使公司採用自動化科技，但隨著生產力提升，最後反而會雇用更多員工。

其次，我們的研究指出，公司自動化之後往往會因爲喪失流程彈性，而抵消掉在生產力方面的提升。對機器人的例行性維修（例如重新校準感測器）要由第三方專家進行，這可能會讓生產停擺。預先程式化的機器人，固定只能嚴格按照設定好的方式完成工作任務，這會阻礙第一線員工進行創新；此外還有其他問題。我們稱這種是「零和自動化」（zero-sum automation）。

我們根據自身研究、開發與部署人工智慧與機器人學的經驗，以及以麻省理工學院（MIT）「未來工作」（Work of the Future）小組成員身分進行的數十次相關訪談與實地考察，發現企業可以避免「零和自動化」，但前提是揚棄「關燈製造」的做法。企業在衡量專案的成效時，不該再比較機器與人類員工的成本與產出；這種做法忽略了自動化其實可以從許多層面改善流程。相反地，企業應該專注探討幾個問題：目前執行某些任務的團隊，在自動化之後改去從事新工作，是否會更具生產力？相較於沒有運用自動化科技的團隊，有運用這種科技的團隊能否提出更多創新構想，或者從事更多樣化的工作？

本文將提出「正和自動化」（positive-sum automation）這個概念，我們對這個概念的定義是：設計與部署能夠同時改善生產力與彈性的新科技。要進行正和自動化，就必須設計出相關科技，協助第一線員工更容易進行機器人的訓練與除錯；使用由下而上的方式來確認哪些工作應該自動化；選擇適當的指標來衡量自動化是否成功。

「關燈」自動化的局限

在設計上追求盡可能提高生產力的自動化科技，往往會在以下三個關鍵層面限制了彈性：（1）無法即時調整以順應外在環境的變化；（2）需要非常技術性的特定技能來進行程式化與維修；（3）容易變成「黑盒子」，運作時缺乏人類的回饋或參與。這些限制經常迫使企業放棄「關燈」的目標，轉而倚賴人類員工的彈性、創意與隨機應變的技能。

2017年，伊隆・馬斯克（Elon Musk）曾經嘗試恢復「關燈工廠」的概念，用以量產特斯拉（Tesla）的Model 3車款。特斯拉製造機器人來協助提升加州工廠的產量，並克服雇用與訓練員工的挑戰。但特斯拉遭遇了生產延誤，無法順利運作馬斯克形容的「瘋狂、複雜的輸送帶網絡」。一如通用汽車，特斯拉也改變做法，放棄一部分的自動化投資，並擴增高技能的勞動力。馬斯克的結論是：「我們低估了人類。」

在中國，製造業者得到類似的結論。他們原本計畫要在工廠內廣泛使用機器人，來操作與組裝電子元件，但後來發現，機器人無法像人類那樣妥善執行電子組裝所需的精細工作。哈佛大學社會學家雷雅雯（Ya-Wen Lei）引述一位製造部門高階主管的話說：「機器人經常弄壞精細、昂貴的元件。這個過程讓我明白人類的身體眞是神奇。」

另一個案例既非製造業，也無關機器人學。美國安德森癌症中心（MD Anderson Cancer Center）在2013年引進IBM的人工智慧系統「華生」（Watson），希望能協助醫師在龐大的研究數據庫裡迅速找到治療的選項。但是這套軟體無法充分理解病患複雜的病歷，需要大量的人類意見才能提出診斷建議。有些時候，華生會提出不可靠或不完整的證據。而且當醫療證據改變時，例如一項新的臨床試驗建議某種新療法，就需要人類手動更新華生的醫療建議。剛引進華生時的熱潮消褪之後，使用者認定這套系統的用途相當有限。2017年，安德森癌症中心取消這項計畫。

當機器人的外部情況改變時（情況必然會改變，因爲公司要升級生產流程或開始生產新版本的產品），自動化系統必須經過重新程式化、重新測試和重新學習。轉換自動化系統以進行新工作的成本，往往遠高於人類員工團隊的轉換成本。轉換成本如此高的一個原因，就是調整、修理、重新程式化自動化系統所需的專業，通常來自使用這套系統的團隊之外的人士。生產團隊可能必須倚賴第三方的整合專家或維修團隊，來重新設定自動化系統的程式。若醫院的收費系統當機，會計團隊可能要請求資訊部門來修改軟體。此時就得結束「關燈」模式。

推動「正和自動化」

若要做到正和自動化，企業必須設計出兼顧生產力與彈性的系統。我們觀察到彈性進行自動化的三個關鍵如下：

1. 設計容易理解的工具，並投資進行訓練

許多機器人和自動化系統是由第三方技術顧問設計與設定規格，讓自動化系統的運作死板且容易出錯。生產環境或流程即使只出現小小的變化，也有可能讓整個系統停擺。爲了避免發生這類問題，公司應該確保自動化系統裡包含容易理解的技術，例如低程式碼（lower-code）的程式化介面，讓技術技能不高的第一線員工也能即時修復或調整系統。

有一個案例是員工拒絕使用自動化系統，因爲他們無法微調系統的工作方式。在美國一家組裝科學感測裝備的工廠，一具機器人和一位技師密切合作。當技師踩下踏板，機器人會操作上方的生產線，將它往左轉，並向下傾斜與拉近，好讓技師精巧地手動安裝固定裝置與精密的感測器。技師與機器人一起完成工作所花的時間，與技師獨自執行這些工作的時間相同或更少。機器人讓技師不必採取伸長脖子或扭轉手腕等不舒服的姿勢。然而這具機器人很少派上用場。技師若是有選擇，常常會使用旁邊的工作站，在那裡不需要機器人的協助就能執行任務。一位員工被問起原

因，她表示機器人的那組動作都是預先設定程式的，但她喜歡以不同的順序來進行各個步驟。那套自動化系統太死板而沒有彈性，機器人的動作是基於複雜的程式碼，因此技師無法依據自身喜好來調整機器人或自己的工作空間。

新創公司與研究實驗室現在專注在低程式碼的自動化軟體，這類軟體能夠協助第一線員工對機器人進行設定並排除故障。還有一些低程式碼工具讓機器人能夠向人類專家學習新的多步驟工作。人類專家可以示範新的流程，讓機器人觀看與學習。當機器人準備好執行那項工作，人類專家會在一旁觀察流程，確保機器人正確執行任務。

除了選擇適當的硬體與軟體，企業還應該投資於訓練第一線的員工，培養他們的獨立性，不僅能夠操作自動化科技，還能重新設定自動化科技進行新的應用。訓練應該涵蓋擔任多種職務的多名員工，以確保不會發生單點故障（single point of failure；編按：指某個環節一旦故障／出事，就會導致全線停擺），並考量採取不同的觀點來設計、整合與衡量結果。投資於自動化的公司，必須注意自動化科技演變發展的最新情況，並隨著這項技術的改進，找出新機會來精進或強化自身技能。

2. 尋求第一線員工的回饋意見

公司如果採用由上而下的方法來推行自動化，首要目標多半是盡可能提高生產力。高階主管會分析公司的流程，並在顧問公司或資訊科技團隊的協助之下，打造自動化所需的工具。但資深領導人通常無法仔細了解這項流程需要哪些工作、自動化系統應該具備多少彈性，以及這套系統可能無法處理哪些類型的情況。由下而上推行自動化的方法，可讓最貼近觀察流程運作的第一線員工，負責提出建議與擬定自動化的方式。我們的研究顯示，能夠彈性調整工作內容、接受第一線員工（例如現場員工、帳務專員、客服專員）指令的自動化系統，可以促進並加速員工與公司的創新。由下而上實施自動化，也更容易贏得員工的支持。

美國麻省布里翰總醫院（Mass General Brigham）就曾採取由下而上的方法，在整個醫院體系裡實施行政自動化。院方首先延攬一家顧問公司，在對方協助之下確認一套適當的自動化技術，然後詢問各個行政部門裡分散各處的團隊，哪些工作應自動化。熟悉例行性流程的員工找出幾項日常工作，例如追蹤轉診到專業診所的病患、查核員工的證照是否有更新，以及處理應收款項。接著院方招募人員來學習如何爲機器人撰寫程式，聚焦在內部尋才，特別是從可能實施自動化的團隊中尋求人才。團隊成員會與受過機器人程式化訓練的人員合作，以確認究竟要如何讓自動化軟體配合醫院流程的複雜運作。本身工作被自動化的員工會支持這項計畫，因爲機器人在2018年上線之後，可以讓他們不必再處理那些覺得特別無聊乏味的工作。

位於美國俄亥俄州的G&T製造公司（G&T Manufacturing）在2016年展開類似的轉型。這家20人的工廠爲航太、農業等產業製造多種零件。過去員工必須扛著18公斤重的機械零件，一個小時內多次進出切割與打造金屬零件的車床工作間。G&T公司希望將這項人力勞動工作自動化。情況類似的企業多半會倚賴第三方整合商提供專業，來協助管理自動化的過程。

一家整合商協助G&T讓機器人上線運作，但G&T的副總裁柯林・卡茲（Colin Cutts）自行學習如何訓練與再訓練那些機器人。後來他教導G&T的機工如何爲機器人設定程式與排除故障。他們爲那座工作間裡的機器人開發程式化指令庫，而在G&T轉換製造不同的零件、改進某個流程或探索採用新做法時，可以調整那些指令。卡茲的目標是要將那些軟體技能（有關如何調整機器人來因應生產環境變動的專門知識），納入機工的日常工作之中。

G&T採用這套新系統之前，每一部機器配置一位機工，負責裝卸和檢查零件。新系統啓用之後，一位機工管理三部機器，扮演監督者的角色。機工不必再做搬運和裝載零件的工作，可以集中心力檢查零件，並在問題出現時處理。由於這項工作已經自動化，G&T的廢料比率從12%大幅降低爲不到1%，每名員工的產出成爲原來的三倍以上。

3. 選擇適當的關鍵績效指標

自動化計畫是否成功，不可能藉由單一方程式來衡量。企業應該要設計幾項關鍵績效指標（KPI），考量每一項要進行自動化的流程、每一個涉入的團隊、每一位本身工作可能會因此而改變的員工。這些KPI也應該考量無形的效益，包括產品創新、員工滿意度與安全性提升，以及重新設想流程。

企業採用自動化科技最主要的動機是生產力，但是我們更深入探究，並請主管更詳細解釋自己的決策之後，發現他們具有各式各樣的動機。有些公司建立自動化系統來處理危險的工作。有些公司選擇把員工不想做的工作自動化。有些則著重在減少廢棄物，或改善流程的可靠性。還有少數幾家我們訪談過的公司，引進機器人的原因是好奇，或者是因為競爭對手正在這麼做；它們引進機器人幾個月之後，還在釐清這種做法的商業理由。

出於細微動機去推行自動化的業者會面臨一項挑戰：評估成效的方式也必須採取精細的做法。在某些情況下，拿人工系統與自動化系統來做同類比較並沒有道理：自動化系統需要業者重新設計流程，也就是剔除效率低落的步驟，或許還要增加其他步驟。為了顧及這些要求，公司應該設計一系列的指標，包含三個層次：機器、系統、團隊。在機器層次，成效指標應該關注實際運作的彈性：相較於人類員工，自動化系統學會一項新工作需要多少時間？在系統層次，指標應該關注轉換成本：機器人或者自動化軟體需要多少時間來順利運作一項新流程？

我們認為評估人類團隊成效的指標最重要：自動化系統是否提升團隊的工作績效？團隊成員的表現是否優於過去？團隊是否能以更有創意的方式運用本身的技能？擁有自動化科技是否讓團隊做到以前做不到的事？

自動化反而需要人類

通用汽車「未來工廠」的願景，是要在不必開燈讓員工工作的情況下保有生產力與彈性。但我們從率先推行自動化的公司那裡發現，就算公司能夠做到「關燈」自動化，多半仍不會這麼做。它們知道，若想結合生產力與彈性，人類必須參與其中，去了解自動化科技在哪些層面能有效運作，以及在哪些層面可以改善。對公司最有利的是「正和自動化」，這種自動化會運用智慧型機器、主管、工程師與第一線員工的各種長處。自動化的願景不該是排除人類，而應該是讓人類在工作上更能展現能力、更不可或缺。

（閻紀宇譯，轉載自2023年4月《哈佛商業評論》）

班恩・阿姆斯壯

麻省理工學院工業績效中心（Industrial Performance Center）執行主任，以及「未來工作」計畫共同負責人。

朱莉・沙

麻省理工學院航空及航太學講座教授，她是互動機器人研究組（Interactive Robotics Group）負責人，以及「未來工作」計畫共同負責人。

—— 第十章 ——

你需要AI道德委員會的理由

Why You Need an AI Ethics Committee

瑞德・布雷克曼 Reid Blackman

2019年在《科學》期刊（*Science*）發表的一項研究指出，許多醫療體系使用Optum公司的人工智慧，來找出應接受後續照護的高風險病患；而這款AI會促使醫療人員關注白人甚於黑人。Optum列爲高風險的患者當中，只有18%是黑人，而有82%是白人。研究人員在檢視實際病情最嚴重的患者數據之後，計算出黑人與白人的高風險比率大約是46%和53%。這造成深遠的影響：研究人員估算，Optum這款AI已用於監測至少一億名患者。

參與創造出Optum演算法的數據科學家和企業高階主管原本無意歧視黑人，但是卻落入令人震驚的常見陷阱：使用反映出歷來歧視狀況的數據來訓練AI，導致產生帶有偏見的結果。在這個事件中，當初使用的數據顯示，黑人獲得的醫療資源較少，導致這套演算法錯誤地推論出黑人需要的協助較少。

很多詳細紀錄和廣泛公開的道德風險都與AI有關；無心造成的偏見和侵犯隱私，只是其中兩項最顯著的例子。在許多情況下，這類風險只針對特定用途，例如自動駕駛的車輛有可能會撞到行人，或是由AI生成的社群媒體新聞推送內容，有可能會散播對公

—— 本文觀念精粹 ——

問題

不論你的科技如何強大，或是組織如何多元，你的AI和機器學習模型都難免出現偏見。

成因

AI存在偏見有許多來源，而且數據科學家和其他科技人員都很難看出這些偏見。

解決方案

成立AI道德委員會，找出可以降低公司內部開發的、或向第三方採購的AI產品所帶來的道德風險。

家機關的不信任情緒。在一些情況下，AI有時會帶來嚴重的聲譽、法規、財務和法律威脅。由於AI用於大規模運作，因此在發生問題時，會影響到這項技術接觸到的所有人，例如應徵某個招聘資訊的每一個人，或向銀行申請貸款的每一個人。公司在規畫和執行AI計畫時，如果沒有小心處理道德問題，可能會浪費大量的時間與金錢，開發出最終風險過大而無法使用或

出售的軟體，許多機構已經嘗到這種苦頭。

你規劃的AI策略必須考量到一些問題：我們設計、購買和部署的AI，可能帶來哪些無法避免的道德風險？我們如何有系統和完整地找出並減少這些風險？如果漠視這些風險，得花多少時間和人力來回應監理機關的調查？如果我被發現違反或漠視法規或法律，得付多少罰金？如果用錢可以解決這個問題，得花多少錢才能重建消費者和公眾的信任？

這些問題的答案，顯示出你的組織有多麼需要AI道德風險計畫。這種計畫必須從高階主管的層級開始，滲透到組織的各個階層，最後納入這項科技本身。本文將集中討論這種計畫的一個關鍵要素，那就是AI道德風險委員會，並說明這個組織為何必須包含道德專家、律師、科技人員、企業策略人員，以及偵察偏見的人員。接著我將探討這種委員會需要具備哪些條件，才能在大企業發揮效用。

但首先，爲了讓人們感受這種委員會爲何如此重要，我將深入討論帶有歧視的AI有何問題。請記住，這只是AI帶來的其中一項風險；還有其他很多風險，也需要有系統地調查。

歧視為何與從何而來？

有兩個因素，使得AI當中的歧視成爲艱巨的挑戰：有各種意想不到的情況可能導致歧視產生，而且這種問題無法僅用科技來解決。

AI出現偏見的來源有很多。正如上文所指出，其中一個問題是，現實世界的歧視，經常反映在用以訓練AI的數據集當中。例如，非營利新聞機構Markup在2019年的一項研究發現，有色人種申請房貸，比財務情況類似的白人更可能遭到貸款機構拒絕。研究人員對200萬件購屋抵押貸款申請案件進行統計分析，並讓17個因素保持穩定不變，結果發現貸款機構拒絕黑人貸款申請者的可能性，比拒絕白人高出80%。因此，根據歷來房貸數據建立的AI程式，極可能會學到不要貸款給黑人。

有些情況下，歧視的產生是由於對AI將要影響的人群採樣數據不足。假定你需要通勤上下班人們搭車型態的數據，以擬定公共交通工具的時刻表，因此你收集上下班時間智慧型手機所在位置的資訊。問題是，有15%的美國人（大約5,000萬人）沒有智慧型手機。許多人就是買不起手機，也付不起行動數據方案的費用。於是經濟情況較差的人，可能在你用以訓練AI的數據中代表性不足。因此你的AI傾向做出對富人居住地區較有利的決定。

「代理偏見」(proxy bias) 是另一個常見的問題。獨立的非營利新聞機構ProPublica進行的一項調查，取得2013年和2014年在美國佛羅里達州布羅瓦郡 (Broward County) 被捕的七千多人再度犯罪的風險評分。這些由AI產生的分數，是用以預測哪些被告可能在被捕兩年內再度犯罪，以協助法官決定保釋條件和量刑。ProPublica調查有多少被告在隨後兩年內實際再度被控犯罪，結果發現那些分數的預測不可靠。例如，那些分數預測會再度犯下暴力罪行的人當中，只有20%眞的這樣做。負責評分的演算法誤指黑人被告會再度犯法的機率，是誤判白人被告會再犯的兩倍。

雖然開發出這套AI演算法的Northpointe公司反駁ProPublica的發現（下面將進一步討論這點），但其中潛在的偏見值得探討。換句話說：可能有兩個人口子群體的犯罪率相同，但如果其中一個群體更常受到警察監視（可能是因爲根據種族來判斷犯罪可能性），那麼即使犯罪率相同，這個群體成員被捕的比例會較高。因此，AI開發人員若是使用逮捕數據來代替實際的犯罪事件，開發出的軟體會錯誤地宣稱，某一個群體比另一個群體更有可能犯罪。

有些情況下，問題在於你爲AI訂定的目標，也就是你針對AI應預測什麼事項所做的決定。比方說，如果要決定的是應該讓誰接受肺臟移植，你可能會希望讓較年輕的患者獲得這種機會，以便盡可能拉長捐贈肺臟的使用時間。但如果你要求AI決定，哪些患者最可能讓移植的肺臟使用最多年，你可能會無意間歧視黑人病患。爲什麼？因爲根據美國疾病管制預防中心的全國健康統計資料中心，美國總人口的平均預期壽命是77.8歲，而黑人的平均預期壽命只有72歲。

要處理這類問題並不容易。你的公司可能沒有能力應付數據中存在的歷史性不公平現象，或是沒有資源可進行調查，以便針對AI的歧視問題做出明智的決定。這些例子呈現一個更廣泛的問題：在哪些情況下，可以不違反道德地讓各個人口子群體受到不同的影響？而在哪些情況下，這種做法違反平等原則？這些問題的答案因情況而異，無法藉由調整AI的演算法來找到答案。

這就得談到第二種障礙：科技和科技人員都沒有能力有效地解決歧視問題。

在最高層次，AI只是採用一套輸入的數據，進行各種計算，然後產出一套結果：輸入有關貸款申請人的數據，AI就會產出要批准或拒絕哪個申請人的相關決定。輸入有關何時、何地、由誰進行哪些交易的數據，AI就會產出針對這些交易是否正當或存有弊端的評估結果。輸入當事人的前科紀錄、履歷和病情症狀等數據，AI就會針對再犯風險、是否值得通知面試和病況做出判斷。

AI的一個作用，就是提供效益，像是貸款、減輕量刑、面試等效益。你若是擁有與接受這些決定者有關的人口統計數字，就可以看出這些效益在各個人口子群體當中的分布情形。接著你可能會問，這種分布情形是否公平且平等。你如果是科技人員，可能會參考對機器學習日益增加的各項研究，採用那些研究找出有關「公平性」的量化指標，來回答這個問題。

有關這種方法的問題多不勝數。其中最大的問題，可能是現在雖然有大約二十多種有關公平性的量化指標，但這些指標彼此並不相容。你根本無法在同時滿足所有這些指標的情況下，達到公平。

例如，Northpointe製作爲刑事被告提供風險評分的COMPAS軟體，該公司面對歧視的指控，指出它使用絕對正當合理的量化指標來衡量公平性。更具體來說，COMPAS的目標，是要讓正確指出所有黑人和白人被告再犯的比例達到最大。但是，ProPublica使用另一個不同的指標：黑人和白人被告受到誤判會再犯的比率。Northpointe想要讓判斷再犯可能性的正確率達到最大，ProPublica則想要讓誤判率達到最小。問題是，你不可能同時做到這兩者。盡可能提高正確率之際，也會增加誤判的情況；而在儘量減少誤判情況之際，會減少正確預測再犯的情況。

技術工具在這方面發揮的作用還不夠。這類工具能向你顯示，若對AI進行不同的調整，會在不同的公平性指標上得到不同的分數，但這些工具無法告訴你應該採用哪一種指標。在這方面需要做出道德和商業層面的判斷，而數據科學家和工程師沒有能力做這種判斷。這與他們的個人特質無關，只是因爲他們絕大多數人缺乏處理複雜道德難題的經驗或訓練。因此，這個問題的部分解決辦法，在於成立具備適當專業知識、擁有權力可以帶來影響的AI道德風險委員會。

AI道德風險委員會的功能和管轄範圍

AI道德委員會，可以是你組織裡新成立的單位，也可以是一個既有的單位，而你賦予這個單位新的職責。如果你的組織規模很大，可能需要不只一個委員會。

縱觀來看，這種委員會的功能很簡單：針對組織內部正在開發、或從第三方購買的AI產品，有系統地、完整地找出及協助減少那些AI產品裡的道德風險。在產品和採購團隊向委員會提出採用某種AI解決方案的建議時，委員會的職責包括：確認這項解決方案不會帶來嚴重的道德風險；提出修改建議，而一旦解決方案獲得採用，委員會就再次進行審查；或者完全反對開發或購買這個解決方案。

你必須仔細檢視一個重要的問題，那就是委員會應該擁有多少權力。如果公司只是建議，而非強制要求團隊去徵詢委員會的意見，那麼只會有少數一些團隊（很可能是很小的一部分）會去徵詢，而且只有其中更少數的團隊會接受委員會的建議。這種情況的風險很高。若是「講求道德」屬於公司最高層次的價值觀，那麼賦予委員會否決提案的權力是個好做法，可確保委員會對企業產生實質的影響。

此外，若要強化這個委員會的工作成果，你可以經常表揚誠心維護和強化AI道德標準的員工，做法可以是非正式的（例如在開會時公開誇讚），也可以是正式的做法（或許透過晉升來表揚）。

若是讓委員會擁有實際權力，就可以與公司員工、客戶、消費者和其他的利害關係人（例如政府）建立深切的信任，尤其如果組織對委員會的運作保持透明（即使沒有公開委員會的具體決定），就更能建立信任。然而，公司如果不打算賦予這種權力給內部的委員會，但很認眞想要降低AI道德風險，仍可能找到中間立場。這類公司可以允許一名高階主管，也許是長字輩最高層級主管，可以推翻這個委員會的決定，這麼做能讓組織承擔起它們認爲值得承受的道德風險。

誰應該加入委員會？

現在就來更深入探討委員會成員的跨職能專長：誰應該加入你的AI道德委員會，原因何在？

道德專家

這些成員可能是專研倫理學的哲學博士，或是擁有刑事司法道德（或與你所處的產業相關）碩士學位的人。然而，他們的任務並不是針對公司的道德問題做決定。他們加入委員會，是因爲擁有必要的訓練、知識和經驗，因而能了解和發現各種道德風險，而且他們很熟悉有助於清晰思考道德問題的觀念和不同概念，也擅長協助各個團隊客觀地評估道德問題。這並不表示你的團隊需要全職的道德專家，只需要在適當時候請他們加入和諮詢他們即可。

律師

技術工具不足以解決偏見問題，因此「哪些情況是法律准許的？」經常會成爲重要考量。

當然，律師比任何人更有能力釐清，使用某種會對不同人口子群體產生不同影響的公平性指標，是否可能會被法律視爲歧視。但律師也可以協助判定，使用技術工具來評估公平性是否合法。這很可能遭到反歧視法禁止，因爲反歧視法規定，在做出範圍廣泛的許多決定時，不得考慮與受保護群體有關變數的數據。

企業策略人員

AI能產生的預期財務報酬，每一種用途的情況都不同，而企業風險的情況也是如此（例如對客戶的承諾，以及已簽署的合約）。其中涉及的道德風險嚴重程度和類型也不相同，而處理這些風險的策略，以及實施這些策略所需的時間和金錢，也各不相同。

因此，要採取何種減少風險的措施、何時付諸實施、由誰負責執行等等，都屬於商業考量。雖然我傾向把找出和減少道德風險列爲優先事項，但也必須承認有時這種風險夠小，而其他商業風險夠大，因此採用節制的做法來管理道德風險是合理的。基於這些原因，讓委員會裡有一個成員能切實掌握各種商業必要性，這本身就是一種商業必要性。

科技人員

我已經說明科技人員做不到哪些事情，但也必須承認他們有能力做到的事情：協助其他人了解支持AI模型的技術性層面、不同的降低風險策略各自的成功可能性，以及其中一些策略是否眞的可行。

例如，使用科技來警示可能存在的偏見，這做法的前提是，你的組織擁有而且可以使用人口統計數據，來判定某個模型的產出結果，如何在各個人口子群體當中分配商品或服務。但是，如果你缺乏這種人口統計數據，或者就像金融服務業的情況那樣，法律禁止你收集這類數據，那麼你就會無計可施。你必須轉而採取其他策略，例如製作綜合數據來訓練你的AI。這些策略在科技上是否可行，以及如果可行，負擔有多重，這些問題只有科技人員能夠解答。這類資訊必須列入委員會的考量。

偵察偏見的人員和主題專家

降低偏見的科技工具，是在選定數據集，而且AI模型已經受過訓練之後，用來衡量這些AI模型產出的結果。如果這些工具偵測到問題，而且無法透過很小幅度的調整來解決這個問題，你就必須重頭設計。在產品開發的最初階段，也就是在收集數據期間，以及開始訓練AI模型之前，就開始降低風險，這麼做會更有效率得多，也能大幅提高你的成功機率。

正因如此，委員會需要可能在流程初期就看出偏見的人。主題專家通常很擅長這一點。比方說，如果你的AI將在印度使用，那麼就應該有一個精通印度社會的專家參與開發。這個專家也許了解，收集到的數據可能對一些人口子群體的採樣太少，或是他會明白，若要達成爲AI訂定的目標，可能會加重印度既有的不平等。

保護你的商譽

強大的AI道德委員會是必要的工具，可用來找出和降低AI這種能提供重大機會的強大科技的風險。若不慎重關注如何成立這種委員會，以及如何讓委員會融入你的組織，可能重創公司的商譽，最後損及公司獲利。

（黃秀媛譯，轉載自2022年7月《哈佛商業評論》）

瑞德·布雷克曼 Reid Blackman

著有《道德機器：完全無偏見、透明而尊重他人的人工智慧簡明指南》（*Ethical Machines: Your Concise Guide to Totally Unbiased, Transparent, and Respectful AI*, HBR Press），也是道德風險顧問公司「美德」（Virtue）的創辦人和執行長。他也擔任德勤人工智慧研究院（Deloitte AI Institute）的資深顧問，之前任職於安永（Ernst & Young）的人工智慧顧問委員會，也曾在非營利組織「政府區塊鏈協會」（Government Blockchain Association）義務擔任道德長。他曾在美國柯蓋德大學（Colgate University）與北卡羅萊納大學教堂山校區（University of North Carolina, Chapel Hill）擔任哲學教授。

—— 第十一章 ——

機器人的成功關鍵在於「人」

Robots Need Us More Than We Need Them

詹姆士・威爾遜 H. James Wilson
保羅・道格提 Paul R. Daugherty

請設想以下這個情況：你嘗試要在全國美式足球聯盟（National Football League, NFL）所收藏的數十萬支歷史影片檔案中，找出一個特定的畫面。一個賽季會產生超過16,320分鐘（約272小時）的比賽畫面。如果你納入每場比賽的賽前、中場休息和賽後表演、每一次的練習，以及每一次的媒體採訪報導，鏡頭數量簡直多不勝數。而這只是一個賽季而已。

爲了讓工作人員更容易從所有素材中製作出精彩片段和其他的媒體內容，NFL於2019年12月和亞馬遜網路服務（Amazon Web Services, AWS）合作，運用人工智慧去搜尋和標記影片內容。這個過程的第一步，需要靠NFL的內容製作團隊，教導AI應該尋找什麼內容。這個團隊爲每位球員、球隊、球衣、運動場，以及團隊希望在影片庫中辨識的視覺可辨識內容，創建後設數據標記（metadata tag）。接著，團隊將這些標記和亞馬遜既有的圖像辨識AI系統結合；亞馬遜先前已經訓練這個系統判讀數千萬張圖像。這套AI能夠使用這兩組數據，標記影片庫中的相關圖像，而內容製作團隊只要點擊幾下，就能核准同意每個標記。員工以前必須手動搜尋、查找和剪輯每支影片，將之儲存在

—— 本文觀念精粹 ——

狀況

創新的公司已經加強投資雲端運算和AI等關鍵數位技術，而且產生營收的速度是落後者的兩倍。

說明

愈來愈多以人爲本的AI方法正協助最具有前瞻眼光的公司，打造順暢無縫的人機整合和敏捷的適應力。

建議

想要搭上這股潮流的公司，可以使用IDEAS框架——關注技術領域的五大要素，也就是智慧、數據、專業知識、架構和策略，並且設法將它們交織在一起，成爲強而有力的創新引擎。

數據庫中，再用後設數據去標記影片，但亞馬遜的AI以自動化方式，執行這個流程大部分的工作。

我們之前爲《哈佛商業評論》撰寫的文章〈人+AI：智慧協作時代〉（Collaborative Intelligence: Humans and AI Are Joining Forces），說明一些領先組織如何推翻

「技術會讓人類過時」的傳統預期，轉而運用人機協作的力量，去改造本身的業務並提高獲利。現在有幾家公司不只運用這種方法，在創新上超越競爭對手，更進一步果斷地轉向以人爲本的AI技術，顚覆過去十年實施的創新做法的性質。

以NFL爲例，AI加速前述的圖像辨識流程，但如果沒有由員工決定需要上傳哪些數據，並加以批准，這套系統就會失靈。NFL並非只是把製作精彩片段的工作交給AI，而是由內容製作專家負責執行這項工作，但做得更快、更容易，因爲AI擁有快速整理大量資訊的獨特能力。

以人爲本的AI新方法，正在改變關於創新的基本建構要素的假設。手工藝品交易平台Etsy、知名服飾品牌L.L. Bean、麥當勞、英國大型連鎖超市Ocado等公司，正在重新界定AI和自動化流程，可以如何交織成一個範圍寬廣的尖端資訊科技和系統，以促成敏捷的適應力和順暢無縫的人機整合。（資訊揭露：本文提到的幾家公司，是作者任職的埃森哲顧問公司的客戶。）這些具開創性的公司，以前所未見的速度投資數位技術，以回應新的營運挑戰和快速變化的顧客需求。埃森哲2019年對超過8,300家公司所做的調查顯示，這些企業大幅增加對雲端服務、AI等技術的投資，而且創造營收的速度，是在這方面投資落後者的兩倍。第二項研究是2021年調查四千多家公司，顯示對數位技術投入最多的前10%公司，正進一步遙遙領先，營收的成長速度是落後者的五倍之多。

我們已經把這項研究的心得轉化爲指引，企業領導人可以運用這些指引來競爭，而目前的競爭情勢是，大多數公司將會把經營上的成功歸功於人類，而不是機器。我們的「IDEAS框架」要求人們關注新興科技領域的五大要素：智慧（intelligence）、數據（data）、專業知識（expertise）、架構（architecture）、策略（strategy）。這個框架可以協助技術性和非技術性的高階主管，更加了解這些要素，並且構思如何把這些要素交織在一起，形成強大的創新引擎。

本文使用「IDEAS框架」檢視一些企業案例，這些企業已經實施人力驅動的AI流程和應用程式，以解決電子商務、線上日用品配送、機器人技術等方面的問題。你也可以採用同樣的做法，集結本身員工的技能和經驗，以管理各種領域裡的技術創新，包括從研發和營運，到人才管理和商業模式開發等領域。

智慧：更多人性，更少人工味

人類智慧和人工智慧是相輔相成的。由AI驅動的任何機器，都比不上最年幼的人類在學習、理解和情境化（contextualize）等方面的遊刃有餘及效率。如果你不小心掉了一樣物品，一歲孩子看到你伸手去撿，就會去幫你拿回來。如果你故意扔掉那個東西，孩子就會視而不見。換句話說，即使是很小的孩子，也懂得人類是有意圖的，這種特別傑出的認知能力，似乎早就預先設置在人腦中。

這還不是全部。孩子從很小的年紀開始，就對物理產生直覺的理解：他們預期物體會沿著平滑的路徑移動、保持存在、沒有支撐就會往下掉落。他們在學會講話之前，就懂得區分有生命的主體和無生命的物體。學習講話時，他們展現非凡的能力，懂得根據很少的例子來舉一反三，新的字詞只要聽一兩次，就會記住。而且他們反覆試驗和失敗，靠自己學會走路。

相反地，人類雖然天生擁有智慧，卻發現很多事情不可能、或者很難做好，而AI能夠做到這些事情，例如：辨識大量數據當中的型態；擊敗首屈一指的西洋棋冠軍；運作複雜的製造流程；同時接聽和回答打進顧客服務中心的許多通電話；分析天氣、土壤狀況、衛星圖像，以協助農夫將作物的收成提升到最多；掃描數百萬張網際網路圖像，以防範剝削兒童的惡行；偵測財務詐欺；預測消費者偏好；個人化廣告；另外還有很多工作。最重要的是，AI使人類和機器能高效率地一起工作。這種協作正在創造許多新的高價值工作，和自動化會帶來人類末日的論調恰好相反。

德國電子產品批發商奧貝塔（Obeta）的倉庫，由奧地利倉儲物流公司納普（Knapp）經營，目前工作人員正在教新一代的撿貨機器人處理不同大小和質地的物品。這些機器人採用現成的工業手臂、吸盤和視覺系統。關鍵是，它們還配備加州新創公司Covariant的AI軟體。

納普的員工爲了訓練機器人，會將機器人不熟悉的物品放在它面前，觀察它能否調適處理這些物品。機器人如果失敗了，就可以設法升級對所見事物的理解，以及嘗試不同的方法。機器人若是成功了，就會收到人類所設計的程式傳達的獎勵訊號，以強化所學。如果一組庫存單位（SKU）與其他各組完全不同，團隊就會恢復監督式學習（supervised learning），也就是收集和標記大量新的訓練數據，和深度學習系統的做法一樣。

納普的撿貨機器人靠Covariant Brain軟體，學習通用能力，包括立體空間感知、了解物體可以如何移動和操縱、即時搬運規畫的能力，以及只要少數幾個訓練範例，就能嫻熟一項任務〔稱爲少樣本學習（few-shot learning，或稱「小數據學習」）〕。這些能力使機器人能夠執行它們負責的工作：從大容量儲存箱中撿貨，放進個別的配送訂單中，不需要有人告訴它們要做什麼事。許多情況中，那些物品並沒有事先分門別類，這對工業包裝系統來說是不尋常的，這表示機器人正在學習如何即時處理那些商品。這是處理電子產品時的關鍵技能，尤其如果你考量到，處理燈泡和火爐需要注意不同的事項，就更是如此。

機器人要在商務環境中成功，執行工作的表現必須符合非常高的標準。納普的撿貨機器人以前只能可靠地處理大約15%的物品；Covariant Brain軟體驅動的機器人，現在能夠可靠地處理大約95%的物品。而且它們的速度比人類更快，每小時撿取大約600件物品，人類則爲450件。雖然如此，這些機器人並沒有造成奧貝塔的工廠裁員。人類勞工沒有失去工作，而是接受再訓練，更深入了解機器人和電腦。

數據：管理資訊，而非只是累積資訊

2018年，是麥當勞數十年來最具挑戰性的幾個年份之一。競爭對手已經使用線上交貨，超越麥當勞緊緊掌控的速食市場。麥當勞的領導人透過和Uber Eats的全球合作關係，迅速設計線上送貨的解決方案，到2019年，爲麥當勞的年銷售額增加40億美元。但最高階主管知道，公司的長遠未來取決於能否快速地完全轉型爲數據驅動模式。這表示要採取策略，將旗下餐廳重新配置龐大的數據處理器，並搭配機器學習和行動技術，以支持高度個人化的顧客訂單和路邊交貨。數據處理也可以協助計算從天氣到大型運動賽事等各種外部因素，可能會如何影響點餐需求和餐廳服務顧客的能力。收集和處理數據很重要，有助於開發出可望立即成功的新產品和行動方案。兩年之內，麥當勞的轉型行動已經取得財務上的成果：標準普爾500指數成分股當中，表現超過麥當勞的很少。麥當勞的領導人所做的，就是體認到數據是尚未開發利用的寶貴資本來源，必須策略性地運用。

組織若想善加利用大數據和小數據，以便透過AI產生價值，首先要建立紮實的數據基礎。業務數據通常鎖在舊有的現場平台（on-site platform）中，這些平台是孤立的，使得員工很難、甚至不可能讓不同類型的數據合起來運作。這使得企業使用者更難找到和處理恰當的資訊，以做出適當的決策。要打造穩健的數據基礎，就必須讓資訊突破各個舊有孤立系統的藩籬，讓這些資訊可以統一、優化儲存、便於取用，以及容易使用新工具來分析；而所有這些工作，都在雲端進行。

有三種能力很關鍵：現代數據工程、AI輔助數據治理、數據普及化（data democratization，或稱「數據民主化」）。

- **現代數據工程**。在強大的雲端基礎上，數據來自好幾個內部和外部來源。它們被組織在一起，成爲經過策畫安排、可重複使用的數據集，可用於許多不同的分析目的。良好的基礎有賴於一些可支援多種數據類型的框架，用於數據擷取（data ingestion）和數據的提取、轉換、載入（ETL）。這些框架也處理有關資訊標準化和資訊分類的規則，以及確保資訊品質和獲取後設數據的規則。此外，這些框架有助於以速度更快的模板化方法使用數據，讓工程師迅速開發新的分析使用案例和數據產品。

- **AI輔助數據治理**。以雲端爲基礎的AI工具，提供先進的功能和規模，能在擷取數據時，將雲端採集的數據以自動化的方式清理、分類並保障安全，這麼做可以支持更好的數據品質、準確性，以及合乎道德的處理方式。
- **數據普及化**。現代的數據基礎會把更多的數據交到更多人手中。這讓數據更能夠即時存取和易於使用，同時支持採行多種分析數據的方式，包括透過自助服務、AI、商業智慧、數據科學來分析。最新的雲端基礎工具將數據普及化，並賦權給整個企業中的更多人，讓他們能夠輕易找到並善用與他們的特定業務需求有關的資訊。

這三種能力結合在一起，能協助公司克服一些從數據獲取價值最常見的障礙：數據的可取用性、可信賴性、隨取即用性和及時性等問題。這些能力讓公司能夠即時結合大小數據集中的項目、建構敏捷報告，並應用AI來製作可廣泛取用、有關顧客、市場和營運的見解，以交出富有意義的業務成果。

取自更多來源的更多數據，在AI的協助下加以管理，並在組織內廣泛傳播，這形成紮實的數據基礎，如此你就不再會面對大量數據卻束手無策，而能將數據的潛力極大化。你可以把數據用於愈來愈強大和細緻的用途，但這就和更像人類的智慧一樣，需要你的員工進行更多參與。

專業知識：釋放員工的才能

復古和手工藝品線上市集Etsy的座右銘是「商務人

性化」。要做到這一點，需要由人類來教導公司的搜尋引擎，如何辨識許多購買決策的關鍵因素，也就是美學風格。Etsy的顧客考慮要購買一件商品時，不只關注商品的尺寸、材料、價格、評等之類的細節，也重視風格和美學層面。

對Etsy來說，依風格將商品分類，是格外具有挑戰性的工作。Etsy網站上的大多數產品，都是獨一無二的創作。許多產品同時呈現多種風格，或者根本缺乏明顯可辨識的風格。在任何特定的時間，都有大約五千萬件商品求售。過去，以風格爲基礎的推薦系統，會給每個購物者群體提供一些無法解釋的產品建議。這是因爲AI會假設，如果具有相同人口統計特性的顧客群體經常一起購買某兩種商品，那麼這兩種商品一定具有相似的風格。另一種方法是使用顏色和材料等低層次的特性，將商品依風格分組。這兩種方法都無法讓AI理解「風格會如何影響採購決定」。

誰能比Etsy的行銷專家更懂得如何訓練AI去了解風格的主觀概念？他們根據經驗，發展出42種風格標記，以呈現15類產品的買家品味，包括珠寶、玩具，到工藝品等各種產品類別。有些標記是藝術界相當熟悉的（例如新藝術風格、裝飾藝術風格）。有些標記會喚起情感（有趣和幽默、鼓舞人心）。行銷人員製作了一份清單，列出13萬件商品，分屬於這42種風格。

接著，Etsy的技術人員研究往往使用風格相關字詞來搜尋產品的買家，他們會輸入諸如「裝飾藝術餐具櫃」之類的字眼。針對每一個這樣的查詢，Etsy將選定的風格名稱，指派給使用者在搜尋過程中點擊、「收藏」或購買的每一個品項。單單一個月的這類搜尋量，就讓Etsy收集到一組包含三百萬個實例的標記數據集，用於測試它的風格分類。然後，Etsy的工程師訓練一個電腦神經網路，利用文本和視覺提示，把每個品項的這些分類做最好的區分。這項工作的成果，是對Etsy.com上全部五千萬件活躍品項的風格，做出了預測。

當新冠疫情肆虐，以及量販零售商的供應鏈中斷時，這種做法顯得特別有用。許多買家轉向Etsy，尋求某項急需的產品：口罩。這個類別中最熱銷的一些賣家，根據顧客的審美感受量身製作口罩；顧客可以指定想要尋找的設計，例如波卡點（polka dot）、花卉圖案、動物臉孔，或者你想到的任何設計。口罩的銷售額從2020年4月初的幾近於零，成長到那一年之後所有月份合計的7.4億美元左右。那段期間，Etsy的營收增加一倍多，市值上升到220億美元。Etsy執行長喬許・西爾弗曼（Josh Silverman）說，箇中關鍵在於讓買家找到「能表現他們的品味和風格感」的口罩。

「機器教學」會釋放整個組織中經常未開發使用的專業知識，讓更爲廣泛的員工能以複雜的新方式使用AI。AI可以針對你的業務狀況進行客製化，所以開啓眞正的創新和優勢之路，也就是說，你不再只是在後面追趕技術。在監督式學習的情境中，如果機器學習演算法只有極少或者根本沒有已標記的訓練數據，機器教學會特別有用；而情況常常眞的是很少有或沒有已標記的訓練數據，因爲各產業或公司的需求相當特定。

組織若要從系統和知識工作者那裡都獲取最大的價值，必須重新設想非專家和專家與機器互動的方式。你可以先給領域專家（domain expert）一些有關AI的工作知識，好讓他們能有效率地把自己的專業知識，轉移到公司的流程和技術中。若讓他們熟悉AI的基礎知識，也會讓他們擁有必要的能力去開發出富有創意的方法，將AI應用在業務上。

架構：建構適應力強的活系統

過去傳承下來的舊架構設有嚴密的界線，在業務線、地理區域、銷售通路和職能之間，維持著各種障礙。舊架構僵化死板，無法調整適應新的智慧技術，也無法配合新的策略、不斷變化的市場狀況和新的營運機會。這就是許多公司的創新專案停滯不前的原因。

今天發生的快速轉型和新技術突然湧入，已經將資訊科技架構置於舉足輕重的地位。在落後者錯失掌握資訊科技創新的機會時，領導廠商採用範圍寬廣的新興資訊科技，把這些技術組合成我們所說的「活系統」（living system），因爲它們沒有邊界、具備適應力，而且極具人性。

我們說「沒有邊界」，是指它們打破各種障礙，包括在資訊科技堆疊（IT stack）之內的障礙、藉雲端基礎平台以利用網路效應的公司之間的障礙，以及人與機器之間的障礙，因而提供企業無限的機會去改善營運方式。我們說的「具備適應力」，是指這些系統在數據和智慧技術進步的推動下，能夠迅速調整因應業務和技術的變化，將摩擦極小化、擴展創新的規模，以及學習和改進。當我們描述這些系統為「極具人性」，意思是它們仿效人的大腦和行為來運作，而且聽、看、說和理解的方式，比以前各世代的智慧技術更像人類。

以零售商L.L. Bean為例。這家公司110年歷史的傳承，包含古典服裝、堅固耐用的戶外裝備，以及對顧客滿意度的堅實承諾。近年來，隨著公司日益透過多條通路（印刷品、實體商店、電腦和行動網站、電子郵件和社群媒體）接觸顧客，該公司發現自己受到價值較低的舊有系統所束縛，在這套累贅笨重的資訊科技系統當中，有些部分已經用了20年之久。這套系統大部分是由現場主機電腦和分散式伺服器所組成。互相只有鬆散連結的不同平台，分別支援每一條不同的顧客通路，而且所有通路都在不同的應用程式上運行。公司幾乎不可能提供涵蓋所有通路、順暢無縫的顧客體驗。資訊科技人員不得不花時間管理這套基礎設施，而不能專注於為顧客提供價值。

在此同時，根據HBR.org的研究報告，73％的美國消費者使用多個通路來購物〔詳見艾瑪・索帕吉耶瓦（Emma Sopadjieva）、尤特帕爾・多拉基亞（Utpal

M. Dholakia）、貝絲・班傑明（Beth Benjamin）所寫的文章〈對46,000名購物者的研究顯示，全通路零售行得通〉（A Study of 46,000 Shoppers Shows That Omnichannel Retailing Works）〕。這份研究也指出，多通路購物者花的錢比單通路顧客多：每次去商店平均多花4%，線上購物則多花10%。此外，多通路購物者也比較忠誠，更有可能向朋友和家人推薦他們喜歡的零售商。

L.L. Bean為了在亞馬遜的時代競爭成功，必須提供令顧客滿意的全通路體驗，而這是純線上零售商比不上的。因此，這家零售商讓攸關營運成敗的應用程式脫離公司老舊的資訊科技系統，改放入Google的雲端服務。資訊科技團隊現在可以將來自多個系統的數據整合起來，更有效率地處理尖峰網站負載，並以更快的速度提供新的顧客功能。以雲端為基礎的架構在後台不斷優化，因此公司的前端開發人員可以花較少的時間去管理基礎架構，而有更多時間去使用敏捷軟體，以試驗新的功能，並在新功能準備好之後儘快推出。有了現在放置在雲端、與老舊系統脫離的彈性前端架構，這家公司就能在購買尖峰期，輕易、快速地以合乎成本效益的方式擴展處理容量，並在購買低迷期縮減容量。有能力快速回應不斷變化的狀況，是活系統最重要的優勢之一。

通往這個未來的道路，將取決於你的企業在整個技術堆疊中所做的各項選擇。你必須過渡到更加以人爲中心的AI和自動化方法。你可以先加快投資於一些核心技術，例如雲端運算、數據分析和行動技術等。你可以重新設想開發應用程式的方法，以利用雲端功能和微服務（microservice），以及它們釋出的彈性。你可以專注於打造價值極大，而不是可行性極小的可重複使用組件。組織如果能成功結合本身的商業策略和技術策略，就能以前所未有的敏捷性，開發出獨一無二的產品或服務。

策略：我們現在都是科技公司

二十多年來，世界上最大的無實體店線上雜貨零售商Ocado，一直在開發世界上最先進的部分能力，包括AI、機器學習、機器人技術、雲端技術、物聯網（internet of things, IoT）、模擬和建模等能力，這些是很有價值的智慧財產，其中包含150多項專利，還有數百項專利正在申請當中。

Ocado的智慧財產成就格外引人注目，因爲可想而知，日用雜貨業是營運環境最吃力的行業之一。零售產品是世界上最大、也最複雜的產品類別之一：與書籍、DVD或其他許多商品不同的是，日用雜貨產品的保存期限和儲存溫度要求差異很大。把這種複雜情況移到線上之後的情況是，分布在全國各地的顧客要求廠商準確而可靠地接單出貨，而且價格要有吸引力，這會使挑戰呈指數級增長。

Ocado成立於2000年，從倫敦一間只有三個人的辦公室，發展成爲有超過18,500名員工的企業，服務英國各地的數十萬名顧客。Ocado的顧客履約出貨中心（customer fulfillment center, CFC）號稱擁有世界上最先進的雜貨撿選技術。典型的CFC大約有一座足球場那麼大。裡面有數百個機器人透過4G網路相互通訊，在名爲蜂房（Hive）的三層樓鋁製網格中滑行運作。

集群（swarm）技術可以協調一群自主運作的機器人，像一個系統那樣工作，以完成任務。洗碗機大小的機器人以每小時近9英里的速度忙碌著，用它們的機械爪舉起一箱箱的雜貨。它們將板條箱移動到另一個位置（根據用產品購買頻率而設計的演算法來移動），或者將板條箱丟進滑槽，送到撿貨站。每個CFC都有兩個控制中心，裡面配置了工作人員，以監控機器人，並確保它們精心編排的移動路線，不會變成連串的碰撞。人類員工的大部分工作也是在分撿站執行：他們看著螢幕上的顧客訂單、從面前的產品板條箱選擇合適的物品，放進機器人置入另一個板條箱中的購物袋。接著產品板條箱被送回網格，重新裝滿物品，而裝有顧客訂單的板條箱，則依一定的路徑送到裝運台。一張50件物品的訂單，可以在短短五分鐘內完成出貨。

Ocado原本可以安心享受自身的成功，不多做其他的事情，卻做出一項策略性的決定，要進一步擴展本身的技術專長。2015年，它打造Ocado智慧平台（Ocado Smart Platform），結合端到端的電子商務接單出貨、物流和集群技術，讓世界各地的其他零售商可用以管理自家的線上雜貨業務。這座平台讓其他零售商得以在自己的區域複製Ocado的模式而獲利，並擴展規模。

Ocado智慧平台在雲端運行，提供的功能包括即時庫存預測、緊急訂單處理，以及智慧送貨車路線安排等。零售商讓顧客可以透過行動裝置，使用一款應用程式進入它們的網站。雲端則提供Ocado一個可根據不同情況而彈性調整的架構，這個架構可以用合乎成本效率的方式，回應顧客需求的高峰。它也增強開發工作的敏捷性。Ocado的工程師不必預先投資在基礎設施上，就能測試新的行動方案，而且可以在一個小時內將構想從概念進展到建制實施。這家公司也能將來自數百個微服務的數據，整合到一座數據湖中，去驅動整個基礎設施的AI能力。

世界各地都有雜貨零售商簽約使用這座平台。接下來幾年，克羅格超市（Kroger）計畫使用Ocado，建構20個自動化CFC。已採用這個平台的公司包括Sobeys（只在加拿大）、ICA（在瑞典）、賭場集團（Groupe Casino，在法國）、Bon Preu（在西班牙），以及永旺（Aeon，在日本）。Ocado更深層的技術策略可以應用於任何產業。它的機器人執行一些基本任務，像是舉起、移動、分類，這在許多營運環境中都很實用。不久之後，機器人也許能做更多事。這家公司最近展開的專案是開發「軟性手」（soft hand），能夠在不造成傷害下拿起幾乎所有柔弱的物體（例如新鮮水果）；這項技能在許多製造環境中都會受到歡迎。

很少公司像Ocado那樣全面結合策略和技術。它不只想出如何使用自動化以改善本身的營運，也將這麼做所產生的好處，廣泛分享給其他業者。它轉變成雜貨零售商兼科技公司，也很聰明地調整本身的策略，去滿足某個新的市場需求。

人性至上

其他一些公司和Ocado一樣，也採用新的方法來處理智慧、數據、專業知識和架構，並將之交織成獨特的策略，這些策略各不相同，就像這些公司所在的競爭產業一樣也各不相同。沒有一體適用的策略。若想接納技術整合的策略，就必須抱持兩個有點矛盾的心態：深謀遠慮和速度。技術上的投資，必須謹慎地以合乎邏輯的方式，按部就班依序進行。但是，「猶豫不決就輸了」這句話，如今格外眞確。

極具人性、以IDEAS爲基礎的創新取得明顯的成功後，接續的任務就是要以愼重的速度往前推進。

未來已經遠比預期更早到來，我們必須明智且快速地嫻熟才剛出現的新方法，去進行創新。我們在每個地方都看到這些創新，從雜貨配送到速食、手工藝品零售，甚至在NFL。AI正協助企業以大多數人不曾想像過的方式營運，而且將持續下去，前提是要由「人」來帶路。我們的框架提供一份清楚的路線圖，供那些已經蓄勢待發的公司參考。

（羅耀宗譯，轉載自2022年4月《哈佛商業評論》）

詹姆士．威爾遜

埃森哲顧問公司（Accenture）思維領導暨科技研究的全球執行董事，與保羅．道格提合著《人＋機器：在人工智慧時代重新設想工作》（*Human+Machine: Reimagining Work in the Age of AI, HBR Press*, 2018）。

保羅．道格提

埃森哲顧問公司科技集團執行長與科技長，與詹姆士．威爾遜合著有：《人＋機器：在人工智慧時代重新設想工作》。

—— 第十二章 ——

掌握關鍵十招，全面啓動AI變革

Stop Tinkering With AI

湯瑪斯・戴文波特 Thomas H. Davenport
尼廷・米塔爾 Nitin Mittal

若請某個人舉例，說出有哪些公司將人工智慧置於業務核心，你可能會得到一張意料之內的科技巨擘名單：Alphabet（Google）、Meta、亞馬遜、微軟、騰訊、阿里巴巴。但在其他產業的傳統組織中，許多領導人認爲，使用AI來推動自身轉型，超出公司的能力範圍。這項技術相當新穎，十年前還沒有一家公司採用AI，因此所有在這方面已經很成功的公司，都必須完成相同的基本任務：安排人員負責創建AI；收集所需的數據、網羅人才，以及投入經費進行必要的投資；並且盡可能積極地培養本身的能力。

說比做容易？是的。許多組織的AI行動方案都規模太小、試驗性質太濃，而且從來沒有走到能夠增添經濟價值的唯一一步，即大規模地部署AI模型。《史隆管理評論》和波士頓顧問集團於2019年進行的調查發現，每10家公司中就有7家表示，本身的AI工作所產生的影響微乎其微，或者根本沒有影響。同一項調查顯示，在90%已經進行一些AI投資的公司中，三年來有獲得商業效益的不到40%。這並不令人驚訝：試行計畫或實驗只能產生有限的成效。

過去幾年我們所做的研究，找出30家公司和政府

本文觀念精粹

問題

許多公司只是試驗性應用AI，而不是規畫或編列預算，準備全面部署AI。

成因

這通常是因爲沒有分配足夠的資源、能力和時間於AI專案。

解決方案

積極採用AI，加上與策略、營運作最佳的整合，最後將帶來最大的業務價值。

機構已全力投入AI（這些組織不見得是以精通技術著稱），並從中獲益。其中許多公司在銀行、零售和消費品等產業中競爭。我們研究這些公司的AI發展歷程之後，確認這30個組織採取10項行動，因而得以成功採用AI。

你的組織若想從AI獲取可觀的價值，就必須徹底重新思考工作環境中的人機互動方式。你應該聚焦的應用，是能改變員工執行工作的方式，也改變顧客與公司互動方式的應用。你應該考慮在每個關鍵職能和營運作業中，有系統地部署AI，以支持新的流程和數據驅動的決策方式。同樣地，應該要讓AI推動新的產品和服務，以及商業模式的發展。換句話說，最終應該要讓AI技術改造你公司業務的每一個層面。

本文列出的10項要務，每一項都會使你的組織更接近轉型；但若要完全轉型，你必須避免片段零星的修補行動，而應該推行所有這10項要務。文中會提出案例，詳細說明一些組織如何取得成功。你的組織可以選擇以不同的方式處理這些要務，或者以不同的順序來處理。

1. 知道你想要達成什麼

具有企圖心的公司很清楚知道爲何要應用AI。它們當然希望財務表現更亮麗，但若要確認和發展AI轉型，就需要更明確的目標。一些企業開始使用AI技術來改善流程速度、降低營運成本，或者提高行銷能力。不管你運用AI的原因是什麼，我們都建議要先確定一個妥善定義的總目標，並以這個目標作爲你採用AI的指導原則。

2014年，德勤（Deloitte）的審計和鑑證實務部門開始發展專有的AI平台Omnia，當時的指導原則是要改善全球的服務品質。要在那個領域創建一項全球性的工具，並不像將數據轉譯成多種語言那麼簡單。各國用以規範數據的法規，包括隱私標準、審計流程和風險管理，都存在重大的差異。

公司審計的一個重要部分，是以易於分析的格式，來收集財務和營運數據。各公司的數據結構不同，因此提取相關的數據並載入審計平台，可能相當耗時費工。Omnia在一家美國客戶公司試營運，但想讓它成爲全球性工具的目標，在一開始就產生幾個獨特的挑戰，例如開發一個能在不同客戶和地區運作的單一數據模型。

德勤的開發人員在創建Omnia之前，就將它設想爲全球性的工具，因此能夠專注於把來自不同國家、不同公司的資訊標準化；而這是一項艱鉅的任務，在開發過程的後期會更具挑戰。

2. 與伙伴組成的生態系統合作

建構Omnia需要審計和鑑證實務部門來察看世界各地的新創科技公司，以找到符合德勤需求的解決方案。若沒有那些伙伴，德勤就不得不在內部開發這些技術，而這雖然有可能辦到，成本卻高得多，時程進度也慢得多。公司需要強大的合作伙伴關係，才能在AI方面取得成功。

德勤和加拿大的新創公司Kira Systems合作，後者開發的軟體能從法律文件擷取合約字詞。德勤的審計師以前必須讀完許多合約，用人力執行這項任務，但現在Kira Systems的自然語言處理技術，可以自動辨識和擷取關鍵字詞。另一家伙伴公司Signal AI則建構一座平台，可分析公開提供的財務數據，以找出客戶業務中的潛在風險因素。德勤的Omnia平台最近新增「誠信AI」（Trustworthy AI），這個模組是與評估AI模型偏見的話匣子實驗室（Chatterbox Labs）合作開發的。

3. 擅長分析

大多數成功採用AI的組織在迅速推動AI之前，都會慎重執行分析行動方案。任何形式的機器學習，都可能包括其他不是以分析爲基礎的技術，例如自主行動、機器人技術和元宇宙，但核心仍然是分析。正因如此，擅長分析對採用AI非常重要。

但「擅長分析」究竟是什麼意思？在本文探討的情況當中，這是指致力使用數據和分析來制定大多數的決策，而這表示必須改變你和顧客往來的方式、將AI嵌入產品和服務，以及用更爲自動化和智慧的方式執行許多任務，甚至執行整個商業流程。企業若要運用AI來改造業務，必須日益擁有獨特或專有的數據，因爲如果他們的競爭對手都有相同的數據，大家都會得到類似的機器學習模型和類似的成果。

希捷科技（Seagate Technology）是全球最大的磁碟機製造商，旗下各工廠裡有大量的感測器數據，並在過去五年廣泛使用這些數據，來改善製造流程的品質和效率。這項工作的一個重點，是將矽晶圓的目視檢查作業和製造矽晶圓的工具都自動化（矽晶圓用於製造磁碟機的磁頭）。整個晶圓的製造過程中，各種不同的工具組會拍下多張顯微鏡圖像。希捷科技在美國明尼蘇達州的工廠使用這些圖像提供的數據，創建一套自動化系統，讓機器直接尋找和分類晶圓的瑕疵。其他的圖像分類模型會偵測監控工具中的失焦電子顯微鏡，以確定是否確實有瑕疵。這些模型在2017年底首次部署啓用，此後希捷設於美國和北愛爾蘭的晶圓工廠日益廣泛使用這些模型，節省數百萬美元的檢查人力成本和廢料預防成本。目視檢查的準確率在幾年前是50%，現在超過90%。

數據是機器學習成功的基礎，如果缺乏大量的好數據，模型便無法做出準確的預測。可以說，大多數組織擴大AI系統規模面臨的單一最大障礙，是獲取、清理和整合正確的數據。爲新的AI行動方案積極尋找新的數據來源也很重要。本文稍後會談這一點。

4. 創建模組化、彈性的IT架構

你會需要一種方法，可在企業的各項應用上輕鬆部署數據、分析和自動化。這方面需要的技術基礎設施，要能夠溝通和理解來自公司內外其他資訊科技（IT）環境的數據。傳統數據中心裡的軟體，通常設計爲只能與同一數據中心的軟體溝通。把這套軟體與來自那個基礎設施之外的軟體整合起來，可能耗時又昂貴。

彈性的IT架構會使複雜的流程更容易自動化，例如德勤從法律文件擷取關鍵字詞的流程。如果你不能自行開發這種架構（極少中小企業辦得到），可能就必須和其他公司建立伙伴關係，例如與微軟Azure、亞馬遜AWS或Google Cloud等公司合作。

第一資本（Capital One）幾十年來一直被公認爲分析領域的翹楚，運用分析法來了解消費者的支出型態、降低信用風險，並改善顧客服務。（資訊揭露：本文作者之一的湯瑪斯，一直是第一資本的付費論壇演講人。）2011年，第一資本做了一項策略決策，要重塑和現代化本身的公司文化、營運流程和核心技術基礎設施。這項轉型包括：轉向敏捷模式來交付軟體、建立大型工程組織，以及雇用數千人擔任數位職務。這項轉型也推動公司將數據送上雲端。

第一資本和AWS合作建立本身的雲端架構。但在遷移到雲端之前，第一資本的高階主管必須重新設想銀行業的未來。顧客遷移到數位通路，例如銀行的網站和行動應用程式（app），而這些數位通路產生的數據，遠多於面對面互動的數據，這使第一資本有機會更加了解顧客如何與其互動。轉向雲端具有策略意義，部分原因是這會降低數據儲存的成本。根據美國南加州大學馬歇爾商學院（USC's Marshall School of Business）的數據，1960年儲存10億位元組（GB）數據的成本是200萬美元。1980年代這項成本降到20萬美元，到2000年代初只要7.70美元，而由於雲端儲存的出現，2017年更低到2美分。

第一資本判斷，AWS可以在雲端提供由軟體驅動、可擴大規模、即時可用的數據儲存和運算能力，而且成本遠低於在公司內部儲存數據。AWS也提供創新的新機器學習工具和平台。由第一資本的IT組織爲所有這些數據建構和管理基礎設施的解決方案已不再有意義。相反地，IT組織開始專注於培養軟體和業務能力。今天，第一資本即時分析來自網路和行動交易、自動櫃員機和信用卡交易源源不絕的數據流，以滿足顧客的需求和防止詐騙。到2020年，這家銀行關閉最後一座數據中心，將所有的應用程式和數據移到

AWS雲端。

許多公司的確已經將數據和應用程式移到雲端（或者數據和應用程式原本就起源於雲端）。還沒有這麼做的公司會更難成爲積極的AI採用者。

5. 將AI整合到目前的工作流程中

缺乏彈性的商業流程可能和缺乏彈性的IT架構一樣具有局限性。本文提到的公司不遺餘力地將AI整合到員工和顧客的日常工作流程中。要在你的組織做到這一點，必須確定你的哪些工作流程適合AI的速度和智慧程度，並且盡快開始將AI整合到其中。不要試圖將AI塞進無法從機器的速度和規模獲益的工作流，例如那些很少使用、不涉及也不會產生大量數據和重覆性的商業流程。

若要進行工作流程整合，需要比第一項任務「知道你想要達成什麼」更具體得多的行動計畫。假設你已經確定要改善顧客服務。但若要將AI整合到目前的顧客服務工作流程中，就必須對這些流程有敏銳的實地了解，而極少最高層主管能有這種知識。然而，生產線員工擁有理想的視角，能夠確定哪些流程可以從AI受益，以及這些流程可以如何具體改善。

美國有些政府機構找到一些很適合AI速度和規模的具體任務與工作流程。例如，美國國家航空太空總署（NASA）在應付帳款和應收帳款、IT支出和人力資源方面啓動試行專案（由於這項人資專案，航太總署86%的人資流程是在沒有人力插手的情況下完成的）。社會安全局（Social Security Administration）在裁定工作上使用AI和機器學習，以處理繁重的案件數量帶來的挑戰，並確保決策的準確性和一致性。在新冠疫情初期美國退伍軍人事務部（Department of Veterans Affairs）設置AI聊天機器人來回答問題、協助確定確診病例的嚴重程度，並且尋找患者可以入院的地點。國土安全部科學技術局（Department of Homeland Security Science and Technology Directorate）的運輸安全實驗室，正在探索一些方式將AI和機器學習納入運輸安全管理局（TSA）的安檢流程，以改善乘客和行李掃描作業。美國國稅局（Internal Revenue Service）正使用AI測試不同類型的通知方式，最能促使欠稅的納稅人寄出繳稅支票。

6. 在整個組織中建立解決方案

你的組織已經在內部測試和精通特定工作流程的AI之後，就應該要更積極地在整個組織的各單位裡部署AI。你的目標不應該是爲一個流程設計一套演算法模型，而應該是要找到一種統一的方法，可以在整個公司裡複製使用。

克里夫蘭醫學中心（Cleveland Clinic）的企業分析與資訊管理執行總監克里斯・杜諾文（Chris Donovan）表示，這所醫學中心「AI隨處可見」。他的團隊致力推動由員工主導的AI開發和部署工作，也提供由高階主管領導的治理方法。到目前爲止，這項工作一直由植根於企業分析、IT和道德部門的跨整體組織實務社群所推動。

與開始積極推動AI轉型的大多數組織一樣，克里夫蘭醫學中心面臨數據和分析方面的巨大挑戰。杜諾文表示，醫院擁有的數據遠比其他產業的組織要少，而且比較不可能是清理過且結構良好的數據。他表示，克里夫蘭醫學中心的數據有品質上的問題、以不理想的方式擷取、輸入方式不同，而且在整個機構裡有不同的定義。即使是血壓等常見的指標，也可以在患者站立、坐著或仰臥時測量（這樣通常會有不同的測量結果），並以各種不同方式記錄。必須了解每種實務做法的數據結構，才能正確解讀血壓的數據。杜諾文的團隊並沒有將每個數據集的數據準備工作，留給醫學中心內部的每個醫療單位去做，而是讓它成爲每個AI專案的一部分，並且努力提供有用的數據集給所有的AI專案。

克里夫蘭醫學中心也使用AI來評估人口健康領域的風險。它已經在這個領域建立一個預測模型，以協助設定使用稀有資源的優先順序，爲最需要的患者提供醫療服務。目前，該中心主要是根據預測風險分數，來決定誰能接到電話通知去看醫生。例如，難以控制病情的糖尿病患者會獲得高風險分數。這所醫學中心建立另一個模型，來找出有某種疾病罹患風險、但沒有病史或病徵的患者。這個模型用於主動安排患者接受預防性照護。克里夫蘭醫學中心也致力找出生活或工作條件有問題，導致健康受到影響的患者；他們除了需要醫生，也可能需要社會工作者的協助或一張公車票去看醫生。

7. 創建AI治理和領導結構

安排某個人負責決定如何在整個組織部署AI，會使轉型更爲容易。最優秀的領導人知道，整體而言AI能做什麼、能爲他們的公司做什麼，以及可能會對策略、商業模式、流程和人員有什麼含意。但領導人面臨的最大挑戰，是建立一種文化，強調依據數據做成決策和採取行動，以及引導員工對AI改善業務的潛力充滿熱忱。若缺少這種文化，即使組織中零星散布著一些AI擁護者，他們也無法取得建構出色應用所需的資源，無法聘雇到優秀的人才。而且即使建構了AI應用，企業也無法有效地運用。

什麼樣的領導人可以培養正確的文化？首先，由熟悉IT的執行長或其他長字輩主管來領導AI行動方案會有幫助。雖然沒有技術背景的人也可以在公司領導AI工作，但那個人必須很快地學習很多東西。其次，領導人多管齊下開展工作也很重要。他或她選擇加入的具體計畫會因組織而異，但資深高階主管的參與特別重要，有助於表達出對技術的興趣、建立由數據驅動決策的文化、促進整個企業的創新，以及激勵員工採用新技能等等。第三，領導人掌握財務資源的權力。探索、開發和部署AI的費用很高，領導人必須投資或說服其他人投資足夠的經費，讓所有的層級都能採用。

有一個專門負責AI的領導人當然有幫助，但終究來說，對這項工作的投入必須深入到組織之中。如果上層、中層主管，甚至第一線經理人只是口頭支持要用AI來轉型，事情的進展就會相當緩慢，組織很可能會故態復萌。我們曾看到一些高度投入的領導人，以多項行動方案建立起聚焦於AI的公司。可是他們的接班人不相信這種做法，因此不再那麼關注AI。

8. 發展卓越中心並配置適當人員

大多數AI和分析主管仍然得花很多時間，向其他經理人宣導這種技術的價值和目的。所有事業單位的決策者都應該確保AI專案獲得足夠的經費和時間，也應該在自己的工作上實施AI。重要的是，要教育那個群體了解AI如何運作、何時適用，以及大幅投入AI要做些什麼。對絕大多數公司來說，這種技能提升和再培訓的工作仍然處於早期階段，而且不是每位員工都需要接受AI的培訓。但有些公司顯然這麼做了，而且可能做得愈多愈好。本文提到的每家公司都曉得，經營要成功，就需要AI、數據工程和數據科學等方面大量的人才與培訓。

2009年，星展銀行（DBS Bank）聘用高博德（Piyush Gupta）擔任執行長時，是新加坡顧客服務評等最低的銀行。高博德大力投資於AI實驗，在過去幾年內，每年投入約3億美元，並給予事業單位和職能部門一些彈性去聘雇數據科學家，觀察他們能夠達成什麼成就。這家銀行的人資主管沒有技術背景，卻設立一個小型的工作小組，以確認和試運行各種AI應用，包括AI招募系統Jobs Intelligence Maestro（JIM），這套模型用於預測人員的流失，並協助銀行招募最符合條件的員工。今天在星展銀行工作的1,000名數據科學家和數據工程師中，有許多人是透過這套JIM系統聘雇的。

高博德表示，星展銀行現在的工程師人數是銀行業務人員的兩倍。那些工程師投入區塊鏈和資產支持代幣等新興技術，以及各種AI專案。而且這家銀行的文化已大幅改善。從2018到2021年的四年間，《歐洲貨幣》（*Euromoney*）雜誌年年評選星展銀行爲全球最佳銀行，而且它的資本狀況和信用評等目前在亞太地區名列前茅。2019年，《哈佛商業評論》評選全球表現最佳執行長的排行榜上，高博德名列第89名。

9. 持續投資

選擇積極採用AI，並不是領導人輕易做出的決定。這項行動將在未來數十年對公司造成很大的影響，大型企業最後可能需要投入數億或數十億美元。我們研究每一家成功採用AI的公司都告訴我們，這是在整個企業層級中致力大幅採用AI所需的成本。組織起初可能會覺得，像這樣大規模投注資源相當嚇人。但我們調查的AI驅動公司，在看到自身從早期的專案獲得的效益之後，發現投注經費在AI導向的數據、技術和人員上要容易得多。

例如，CCC智慧解決方案（CCC Intelligent Solutions）已經每年支出超過1億美元在AI和數據上，並且預期會繼續這麼做。（資訊揭露：湯瑪斯一直是CCC的付費論壇演講人。）這家公司成立於1980年，原名是認證抵押公司（Certified Collateral

Corporation），經營的業務是提供汽車估價資訊給保險公司。

如果你曾發生車禍，需要大修，可能那時曾受益於CCC的數據、生態系統，以及以AI爲基礎的決策。四十多年來，CCC已經演變發展爲收集和管理愈來愈多的數據、和汽車保險業的各方建立愈來愈多的關係，並且根據數據、分析，最後則是根據AI，做出愈來愈多的決策。在過去的23年裡，這家公司一直由曾任技術長的吉塞希．拉瑪默西（Githesh Ramamurthy）領導。CCC成長穩健，年營收接近7億美元。

CCC的機器學習模型是根據以下數據建立的：價值超過一兆美元的歷史索賠數據、數十億張歷史圖像，以及汽車零組件、維修廠、碰撞損壞和法規等其他數據。它也透過車載遠程通訊技術和感測器，收集超過500億英里的歷史數據。它提供數據給一個廣泛的生態系統，其中包括約300家保險公司、26,000家維修廠、3,500家零組件供應商，以及所有的主要汽車原廠設備製造商，而且它提供的決策也愈來愈多。CCC的目標是連接這些各式各樣的組織，形成一個無縫對接的生態系統，以快速處理索賠申請。所有這些交易目前都在雲端上處理，CCC是在2003年把各種系統移到雲端。它們連接3萬家公司和50萬名個人用戶，處理價值達1,000億美元的商業交易。可以想像，已經花不少錢和時間才能做到這個程度。

10.時時尋求新的數據來源

對大公司來說，收集數據通常不成問題，但AI策略在很大的程度上是由可以收集到的任何數據所驅動的。能有更多的數據，不錯。能有更準確的數據，很棒。可以立即用於AI模型的更準確、結構化數據，很理想。德勤的AI發展歷程裡最具挑戰性的部分，可能就是整合來自客戶的系統裡的數據。第一資本一直擁有強大的數據，但需要設法在彈性的IT架構中儲存和使用那些數據。CCC用自身的第一個商業模式來累積數據，因此爲轉向以AI爲基礎的模式做好準備。但是當CCC學會使用五年前還不存在的大量數據庫時，才鞏固從數據導向業務過渡成爲AI導向業務的過程。

談到數據時，不要以爲數據只是文字和數字。對CCC來說，車輛的圖像是可以應用於幾個關鍵流程的數據。CCC歷年來累積數十億張圖像，但那些是由車輛損壞現場的保險理賠理算師或維修廠商拍攝的照片。這些照片需要配備特殊顯示卡的專業相機來儲存和發送。

2012年左右，CCC的高階主管注意到業餘相機的性能正在迅速改良，並且被納入智慧型手機之中。他們設想的未來是：受損車輛的車主可以自行拍照，並從手機直接發送照片，來估計保險理賠金額。高階主管預期，在不需要專業攝影師和相機的情況下，這個流程會更快，而且更具成本效益。他們找來頂尖大學的幾位教授探討這種能力。在此同時，CCC的高階主管開始研究一種新的AI圖像分析方法，稱爲深度學習神經網路，只要有足夠的訓練數據，有時候這種方法的成效可與人力分析相當，甚至更高。

CCC網羅一群才華洋溢的數據科學家，他們學會如何將照片對應到各種車輛的結構上，以及注釋或標記照片以供訓練之用。到2021年的年中，這套系統已經準備好可以部署，美國聯合服務汽車協會（USAA）成爲它的首批顧客之一。更多的數據、更好的模型、更多的業務和更多的數據所形成的良性循環，使得

CCC的智慧型手機圖像應用功能強大。新的數據會繼續流進該公司，用於改善估算預測和其他的功能。這有助於CCC的客戶做出更好的決策，很可能因此爲CCC帶來更多的業務和數據。

全力投入

我們相信，最積極採用AI、AI與策略和營運整合得最好、執行最佳的公司，將獲得最大的商業價值。了解居於領先地位的採用者正在做什麼事，可協助其他公司嘗試評估運用AI技術推動事業轉型的潛力。你的組織可以採取本文所述的十項行動，朝相同方向邁進。

我們也相信，策略性地大規模應用AI，攸關未來幾乎每一家企業的經營成敗。數據正在快速增加，這情況不會改變。AI是大規模理解數據，並確保在整個組織做出明智決策的方法。這一點也不會改變。AI將繼續存在。積極應用AI的公司，未來數十年將在產業中稱霸。

（羅耀宗譯，轉載自2023年1月《哈佛商業評論》）

湯瑪斯・戴文波特

美國貝伯森學院（Babson College）資訊科技與管理校聘傑出教授、英國牛津大學薩伊德商學院（Oxford's Saïd School of Business）客座教授，也是麻省理工學院數位經濟計畫（MIT Initiative on the Digital Economy）研究員、德勤AI實務的資深顧問。與尼廷・米塔爾合著《全力投入AI》（*All In on AI*）。

尼廷・米塔爾

德勤顧問（Deloitte Consulting LLP）高階主管。目前擔任美國人工智慧策略成長產品顧問領導人〔U.S. Artificial Intelligence (AI) Strategic Growth Offering Consulting Leader〕。專業是向客戶提供建議，該如何運用數據和認知驅動的轉型，達成競爭優勢。這些數據與轉型將會提升智慧，並讓客戶在遭遇破壞之前就能做出策略選擇和轉型。與湯瑪斯・戴文波特合著《全力投入AI》。

譯者簡介

林俊宏

台灣師範大學翻譯研究所博士，喜好電影、音樂、閱讀、閒晃，覺得把話講清楚比什麼都重要。譯有《如何讓人改變想法》、《元宇宙》、《人類大歷史》系列、《大數據》系列等書。

侯秀琴

臺大學士、淡江大學碩士，曾任職於中時晚報、時報出版公司、天下文化出版集團。譯作有：《中國大趨勢》、《雪球：巴菲特傳》（合譯）、《21世紀的管理挑戰》等。

洪慧芳

國立台灣大學國際企業學系畢業，美國伊利諾大學香檳分校

MBA，曾任職於Siemens Telecom及Citibank，目前為專職譯者。

黃秀媛

台灣大學外文系畢業，台大外文研究所碩士，曾任《聯合報》、《世界日報》編譯。譯有《巨龍》、《生命在愛中成長》、《愈成熟，愈快樂》、《男人新中年主張》、《十誡》、《半斤非八兩》、《杜拉克精選：社會篇》、《完全通路行銷》、《關鍵十年》、《沃爾瑪王朝》、《藍海策略》、《思考型工作者》、《簡單的法則》、《簡單的領導》等（以上皆為天下文化出版）。

劉純佑

自由譯者。生於新竹的客家人。年少時負笈於指南山下求學，後赴美留學。曾任報社編譯、金融學刊經理、投顧翻譯。目前落腳鄉間，從事嚴肅的翻譯工作。

閻紀宇

專業譯者，曾任《風傳媒》執行副總編輯、《中國時報》國際中心主任。

羅耀宗

台灣清華大學工業工程系、政治大學企業管理研究所碩士班畢業。曾任《經濟日報》國外新聞組主任、寰宇出版公司總編輯。著有《Google：Google成功的七堂課》（獲經濟部中小企業處金書獎）、《第二波網路創業家：Google, eBay, Yahoo劃時代的繁榮盛世》。譯作無數，包括《雪球：巴菲特傳》（合譯）、《坦伯頓投資法則》、

《誰說大象不會跳舞——葛斯納親撰IBM成功關鍵》、《資訊新未來》、《意外的電腦王國》等。

（譯者簡介依筆畫排列）

國家圖書館出版品預行編目(CIP)資料

哈佛商業評論推薦必讀AI趨勢/哈佛商業評論（Harvard Business Review）作；哈佛商業評論中文版譯. -- 第一版. -- 臺北市：遠見天下文化出版股份有限公司, 2023.07
256面；14.8×21公分. -- (財經企管；BCB807)
譯自：HBR's must reads on AI
ISBN 978-626-355-329-3(軟精裝)

1.CST: 人工智慧 2.CST: 機器習 3.CST: 文集

312.8307　　112010989

財經企管 BCB807

哈佛商業評論推薦必讀 AI 趨勢

HBR's Must Reads on AI

作者 — 哈佛商業評論 Harvard Business Review
譯者 — 哈佛商業評論中文版

總編輯 — 吳佩穎
財經館副總監 — 蘇鵬元
責任編輯 — 鍾典辰（特約）
封面設計 — 白日設計工作室

出版者 — 遠見天下文化出版股份有限公司
創辦人 — 高希均、王力行
遠見・天下文化 事業群榮譽董事長 — 高希均
遠見・天下文化 事業群董事長 — 王力行
天下文化社長 — 林天來
國際事務開發部兼版權中心總監 — 潘欣
法律顧問 — 理律法律事務所陳長文律師
著作權顧問 — 魏啟翔律師
社址 — 台北市 104 松江路 93 巷 1 號
讀者服務專線 — 02-2662-0012 ｜傳真 — 02-2662-0007；02-2662-0009
電子郵件信箱 — cwpc@cwgv.com.tw
直接郵撥帳號 — 1326703-6 號 遠見天下文化出版股份有限公司

電腦排版 — 立全電腦印前排版有限公司
製版廠 — 東豪印刷事業有限公司
印刷廠 — 祥峰造像股份有限公司
裝訂廠 — 精益裝訂股份有限公司
登記證 — 局版台業字第 2517 號
總經銷 — 大和書報圖書股份有限公司｜電話 — 02-8990-2588
出版日期 — 2023 年 7 月 31 日第一版第一次印行

定價 — 450 元
ISBN — 978-626-355-329-3 ｜ EISBN — 9786263553347（EPUB）；9786263553330（PDF）
書號 — BCB807
天下文化官網 — bookzone.cwgv.com.tw

天下文化
BELIEVE IN READING